中国古代园艺

王 烨 编著

中国商业出版社

图书在版编目（CIP）数据

中国古代园艺／王烨编著．-- 北京：中国商业出版社，2015.5（2023.4 重印）

ISBN 978-7-5044-8599-1

Ⅰ．①中… Ⅱ．①王… Ⅲ．①园艺-中国-古代

Ⅳ．①S6

中国版本图书馆 CIP 数据核字（2015）第 117340 号

责任编辑：刘毕林

中国商业出版社出版发行

010-63180647　www.c-cbook.com

（100053 北京广安门内报国寺 1 号）

新华书店经销

三河市吉祥印务有限公司印刷

*

710 毫米×1000 毫米　16 开　12.5 印张　200 千字

2015 年 5 月第 1 版　2023 年 4 月第 4 次印刷

定价：25.00 元

＊　＊　＊　＊

（如有印装质量问题可更换）

《中国传统民俗文化》编委会

序 言

　　中国是举世闻名的文明古国,在漫长的历史发展过程中,勤劳智慧的中国人创造了丰富多彩、绚丽多姿的文化。这些经过锤炼和沉淀的古代传统文化,凝聚着华夏各族人民的性格、精神和智慧,是中华民族相互认同的标志和纽带,在人类文化的百花园中摇曳生姿,展现着自己独特的风采,对人类文化的多样性发展做出了巨大贡献。中国传统民俗文化内容广博,风格独特,深深地吸引着世界人民的眼光。

　　正因如此,我们必须按照中央的要求,加强文化建设。2006 年 5 月,时任浙江省委书记的习近平同志就已提出:"文化通过传承为社会进步发挥基础作用,文化会促进或制约经济乃至整个社会的发展。"又说,"文化的力量最终可以转化为物质的力量,文化的软实力最终可以转化为经济的硬实力。"(《浙江文化研究工程成果文库总序》)2013 年他去山东考察时,再次强调:中华民族伟大复兴,需要以中华文化发展繁荣为条件。

　　正因如此,我们应该对中华民族文化进行广阔、全面的检视。我们应该唤醒我们民族的集体记忆,复兴我们民族的伟大精神,发展和繁荣中华民族的优秀文化,为我们民族在强国之路上阔步前行创设先决条件。实现民族文化的复兴,必须传承中华文化的优秀传统。现代的中国人,特别是年轻人,对传统文化十分感兴趣,蕴含感情。但当下也有人对具体典籍、历史事实不甚了解。比如,中国是书法大国,谈起书法,有些人或许只知道些书法大家如王羲之、柳公权等的名字,知道《兰亭集序》

是千古书法珍品,仅此而已。

再如,我们都知道中国是闻名于世的瓷器大国,中国的瓷器令西方人叹为观止,中国也因此获得了"瓷器之国"(英语 china 的另一义即为瓷器)的美誉。然而关于瓷器的由来、形制的演变、纹饰的演化、烧制等瓷器文化的内涵,就知之甚少了。中国还是武术大国,然而国人的武术知识,或许更多来源于一部部精彩的武侠影视作品,对于真正的武术文化,我们也难以窥其堂奥。我国还是崇尚玉文化的国度,我们的祖先发现了这种"温润而有光泽的美石",并赋予了这种冰冷的自然物鲜活的生命力和文化性格,如"君子当温润如玉",女子应"冰清玉洁""守身如玉";"玉有五德",即"仁""义""智""勇""洁";等等。今天,熟悉这些玉文化内涵的国人也为数不多了。

也许正有鉴于此,有忧于此,近年来,已有不少有志之士开始了复兴中国传统文化的努力之路,读经热开始风靡海峡两岸,不少孩童以至成人开始重拾经典,在故纸旧书中品味古人的智慧,发现古文化历久弥新的魅力。电视讲坛里一拨又一拨对古文化的讲述,也吸引着数以万计的人,重新审视古文化的价值。现在放在读者面前的这套"中国传统民俗文化"丛书,也是这一努力的又一体现。我们现在确实应注重研究成果的学术价值和应用价值,充分发挥其认识世界、传承文化、创新理论、资政育人的重要作用。

中国的传统文化内容博大,体系庞杂,该如何下手,如何呈现?这套丛书处理得可谓系统性强,别具匠心。编者分别按物质文化、制度文化、精神文化等方面来分门别类地进行组织编写,例如,在物质文化的层面,就有纺织与印染、中国古代酒具、中国古代农具、中国古代青铜器、中国古代钱币、中国古代木雕、中国古代建筑、中国古代砖瓦、中国古代玉器、中国古代陶器、中国古代漆器、中国古代桥梁等;在精神文化的层面,就有中国古代书法、中国古代绘画、中国古代音乐、中国古代艺术、中国古代篆刻、中国古代家训、中国古代戏曲、中国古代版画等;在制度文化的层面,就有中国古代科举、中国古代官制、中国古代教育、中国古代军队、中国古代法律等。

此外,在历史的发展长河中,中国各行各业还涌现出一大批杰出人物,至今闪耀着夺目的光辉,以启迪后人,示范来者。对此,这套丛书也给予了应有的重视,中国古代名将、中国古代名相、中国古代名帝、中国古代文人、中国古代高僧等,就是这方面的体现。

生活在21世纪的我们,或许对古人的生活颇感兴趣,他们的吃穿住用如何,如何过节,如何安排婚丧嫁娶,如何交通出行,孩子如何玩耍等,这些饶有兴趣的内容,这套"中国传统民俗文化"丛书都有所涉猎。如中国古代婚姻、中国古代丧葬、中国古代节日、中国古代民俗、中国古代礼仪、中国古代饮食、中国古代交通、中国古代家具、中国古代玩具等,这些书籍介绍的都是人们颇感兴趣、平时却无从知晓的内容。

在经济生活的层面,这套丛书安排了中国古代农业、中国古代经济、中国古代贸易、中国古代水利、中国古代赋税等内容,足以勾勒出古代人经济生活的主要内容,让今人得以窥见自己祖先的经济生活情状。

在物质遗存方面,这套丛书则选择了中国古镇、中国古代楼阁、中国古代寺庙、中国古代陵墓、中国古塔、中国古代战场、中国古村落、中国古代宫殿、中国古代城墙等内容。相信读罢这些书,喜欢中国古代物质遗存的读者,已经能掌握这一领域的大多数知识了。

除了上述内容外,其实还有很多难以归类却饶有兴趣的内容,如中国古代乞丐这样的社会史内容,也许有助于我们深入了解这些古代社会底层民众的真实生活情状,走出武侠小说家加诸他们身上的虚幻的丐帮色彩,还原他们的本来面目,加深我们对历史真实性的了解。继承和发扬中华民族几千年创造的优秀文化和民族精神是我们责无旁贷的历史责任。

不难看出,单就内容所涵盖的范围广度来说,有物质遗产,有非物质遗产,还有国粹。这套丛书无疑当得起"中国传统文化的百科全书"的美誉。这套丛书还邀约大批相关的专家、教授参与并指导了稿件的编写工作。应当指出的是,这套丛书在写作过程中,既钩稽、爬梳大量古代文化文献典籍,又参照近人与今人的研究成果,将宏观把握与微观考察相结合。在论述、阐释中,既注意重点突出,又着重于论证层次清晰,从多角度、多层面对文化现象与发展加以考察。这套丛书的出版,有助于我们走进古人的世界,了解他们的生活,去回望我们来时的路。学史使人明智,历史的回眸,有助于我们汲取古人的智慧,借历史的明灯,照亮未来的路,为我们中华民族的伟大崛起添砖加瓦。

　　是为序。

傅璇琮

2014 年 2 月 8 日

前　言

　　园艺简单地说是指关于花卉、蔬菜、果树之类作物的栽培方法。确切来说是指有关蔬菜、果树、花卉、食用菌、观赏树木等的栽培和繁育的技术，一般比较精细。园艺又分为果树园艺、蔬菜园艺和观赏园艺。

　　从字面上来看，园艺一词是"园"加"艺"的集合，"园"字在这里的意思是指种植蔬菜、花木的地方，"艺"字则是指技能、技术。"艺"字作为动词时，本义是"种植"的意思。园艺一词，原指在围篱保护的园圃内进行的植物栽培。现代园艺虽早已打破了这种局限，但仍是比其他作物种植更为集约的栽培经营方式。园艺业不仅为人们提供了日常生活需要的蔬菜，而且还可以培养花卉、盆景供人娱乐观赏，各类果汁和鲜果不但美味而且是人们健康所必需的。

　　随着科学技术的发展，园艺学的研究内容与分工也更加具体。园艺学的范畴一般分为果树园艺学、蔬菜园艺学、观赏园艺学和造园学四大类，也有的学者将园艺学分为五大类，即将苗圃学单列一类。果树园艺学是研究果树的品种、生长习性、栽培管理及产品处理的科学；蔬菜园艺学是研究蔬菜的品种、生长习性、栽培管理及产品处理的科学；观赏园艺学是研究花卉和观赏树木的品种、生长习性、栽培管理及应用的科学；造园学又叫园林规划设计学，是研究园林绿地的设计、规划、施工和养护管理的科学。

作为四大文明古国之一，中国的园艺开始很早，大约在数千年前古人们就已经能够采集可以食用的食物，并尝试种植。园艺初始是属于农业的，中国古代园艺独立出来是从周代开始的。在周代之后的几千年中，中国劳动人民培育了数百种园艺作物，其中大部分是蔬菜，而且培育出了牡丹、兰花等美丽的花卉，增添了生活的色彩。

本书是一本旨在传播中华五千年优秀传统文化，提高全民园艺种植文化修养的知识读本。该书在深入挖掘和整理中华园艺栽培成果的同时，结合社会发展，注入了时代精神。书中优美生动的文字、简明通俗的语言、图文并茂的形式，把中国园艺发展中的方方面面全面展示给读者，让读者全面领略中国久远的园艺文化知识。

目录

第三章　硕果满枝的果树园艺

第四章　精耕细作的蔬菜园艺

第五章　中国古代园林艺术

园艺概述

园艺就是园地栽培的意思,也就是指关于花卉、蔬菜、果树之类作物的栽培方法。确切来说是指有关蔬菜、果树、花卉、食用菌、观赏树木的栽培、繁育技术和生产经营方法。园艺是农业中种植业的组成部分。园艺生产可以丰富人类营养,美化、改造人类生存环境,而且园艺可以陶冶人的情操,消除不良情绪,在推进人类历史进步上有重要意义。

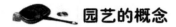 **园艺的概念**

园艺业是农业种植业生产中的一个重要组成部分，对丰富人类营养和美化、改善人类生存环境有重要意义。在园艺学上，园艺通常是指与园地栽培有关的集约种植的农作物及其栽培、繁育、加工利用技术，为农业及种植业的重要组成部分。

"园艺"一词包括"园"和"艺"二字，《辞源》中称"植蔬果花木之地，而有藩者"为"园"，《论语》中称"学问技术皆谓之艺"，因此栽植蔬果花木之技艺，谓之园艺。园艺作物一般指以较小规模进行集约栽培的具有较高经济价值的作物。

园艺作物通常包括果树、蔬菜、各种观赏植物、香料植物及药用植物等，主要分为果树、蔬菜和观赏植物三大类。

果树是多年生植物，而且主要是木本植物，提供可供人类食用的果实，包括落叶果树、常绿果树、藤本和灌木性果树和一小部分多年生草本植物。

蔬菜则以一二年生草本植物为主，不限于利用果实，根、茎、叶和花等部分也可利用，因而又可划分为果菜类、根菜类、茎菜类、叶菜类和花菜类等；此外也包括一小部分多年生草本和木本蔬菜以及菌、藻类植物。

观赏植物中既有一二年生，多年生宿根或球根花卉，也有灌木、乔木等花木，可为人们提供美的享受和用于防治污染，改善环境。

实际上有些园艺作物与其他作物往往很难明确区别，而且各国各地区的分类习惯也不一致。如在有些国家作为园艺作物的马铃薯和甜玉米，在美国

园林景观设计

被列为农作物；在较粗放管理下的枣树、栗树特别是坚果类果树常被视为经济林木；油菜和蚕豆、豌豆分别是油料和粮食作物，但在小规模用作蔬菜栽培时就成为园艺作物；草坪用的草类是园艺作物，而大规模栽培的牧草就成为饲料作物；欧洲还有把香料植物、药用植物归入园艺作物的，而中国则习惯上把它们连同烟草、茶、咖啡等作为特种经济作物，归入广义的农作物一类，等等。

园艺与生活

很久以前人们就发现，在花园里散步具有镇静情绪和促进康复的作用。古埃及医生给精神病患者治病的方法之一，就是让病人到公园中活动。园艺活动的养生作用已经被医学界所认同，专家们将通过园艺活动来保健身心的方法称为"园艺疗法"。现在，园艺疗法被认为是补充现代医学不足的辅助疗

园艺令人身心愉悦

法，是协助减轻病人病痛、抚慰情绪的有效方式。

无论是在小小的阳台上，还是在私人花园里，园艺都能为人们带来欣喜和愉悦。这种美的创造与美的传播为人们带来了多重的养生功效。

 1. 调剂生活

园艺有助于调剂现代人的精神生活。鲜花的芳香，使人赏心悦目，情志调畅。居室里放上几盆花卉，或在庭院种植一些花草、盆景，可以丰富和美化家庭的环境，增添生活情趣，消除各种消极情绪。养花，做盆景既是体力劳动锻炼，也是文化艺术修养的体现。研究证实，经常观赏盆景、鲜花，可使那些性情急躁的人变得温顺，心情不好的人变得爽朗愉快，消沉的人变得积极向上。一些老年孤独症患者参加园艺劳动后，生活增添了乐趣，其寂寞和孤独感也减轻了许多。而且，人们在种花养草中，通过感受和体验这种高雅的娱乐和享受，可调节情绪，给精神上带来某种寄托和安慰。

2. 防治疾病

　　园艺劳动带给人们身心健康的益处很广。比如种植、浇水、锄草等劳动，能增加身体活动量，运动四肢肌肉和关节。大量的观察及研究发现，园艺劳动对神经官能症、高血压、心脏病等疾病具有很好的辅助治疗作用，尤其是当上述病人在病情相对稳定后，进行适当的园艺劳动，更有利于改善神经系统及心血管系统功能。除此之外，还有稳定情绪及消除失眠等痼疾的效果。老年人缺钙较为普遍，有研究还证实：经常从事园艺劳动能使人骨骼坚强，预防骨质疏松症的发生。许多花卉都有其特殊功效，有助于防病。科学家发现，许多植物花朵分泌的芳香油中有一种特殊的芳香类物质。这类物质被吸入肺部输入体内各部位，有杀菌、消炎、利尿和调节神经中枢的功效。中国临床药学工作者已从香花的芳香精油中检测出多种杀菌物质。此外，在绿色环境地带活动，可以缓解疲劳，消除紧张情绪，使皮肤温度降低，脉搏减缓，呼吸均匀，嗅觉、听觉和思维活动的灵活性增强。

第二节
园艺的历史

中国古代园艺

　　在中国古代，"园"指的是用围墙和篱笆围起来的园囿，是皇家的狩猎娱乐之所；"艺"就是"技艺""技术"的意思。所以，中国古代的"园艺"指的是在围篱保护的园囿内进行的植物栽培。

　　作为四大文明古国之一的中国，园艺发展比欧美诸国早 600—800 年。古时的印度、埃及、巴比伦王国以及地中海沿岸，包括古罗马帝国，农业和园

艺都发展较早，但它们的总体水平都是在中国之下的。中国和西方国家之间的园艺交流，最大规模的当数汉武帝时（公元前141—前87年），张骞出使西域打通了著名的丝绸之路，给欧洲带去了中国的桃、梅、杏、茶、芥菜、萝卜、甜瓜、白菜和百合等，大大丰富了欧洲的园艺植物资源；同时给中国带回了葡萄、无花果、苹果、石榴、黄瓜、西瓜和芹菜等，也大大丰富了中国的园艺作物种类。这种交流是中国带给世界的贡献，也是促进人类发展和进步的互利行为。以后的交流不再限于陆地，海路打开了更宽的通道。

中国园艺部门的独立是从周代开始的。周代出现了"园圃"，里面种植的作物已有蔬菜、瓜果和经济林木等。战国时期的文献中已经开始出现栽种瓜、桃、枣、李等果树的记述。秦汉园艺业有了很大发展。《汉书》记载了冬季在室内种葱、韭菜等蔬菜的行为，这是温室栽培的雏形，说明温室培养在中国已有着悠久的传统。南北朝时在果树的繁殖和栽培技术上有了更多的创造发明。唐、宋以后，园艺业非常受皇室和贵族的青睐，特别是观赏园艺业发展迅速，出现了牡丹、芍药、梅和菊花等名贵品种。明、清时期，海运大开，银杏、枇杷、柑橘和白菜、萝卜等先后传向国外，同时也从国外引进了更多的园艺作物。中国历代在温室培养、果树繁殖和栽培、名贵花卉品种的培育以及在园艺事业上与各国进行广泛交流等方面卓有成就。

一般来说，园艺包括果树园艺、蔬菜园艺和观赏植物园艺。而在中国，古代园林艺术久负盛名，成就显著。所以，这里我们要介绍的中国园艺包括果树、蔬菜、花卉园艺和园林艺术。

中国现代园艺

中国是享誉世界的"园艺大国""园林之母"。20世纪初极负盛名的植物学家亨利·威尔逊曾于1899—1918年间5次来华，广为收集各种野生观赏植物1000多种，闻名全球的珙桐和王百合等就是他由中国引到国外的；他于1929年在美国出版的专著《中国，园林之母》中写道："中国的确是园林的母亲，因为所有其他国家的花园都深深受惠于她。从早春开花的连翘和玉兰，到夏季的牡丹、芍药、蔷薇与月季，直到秋季的菊花，都是中国贡献给这些花园的花卉珍宝，假若中国原产的花卉全都撤离而去的话，我们的花园必将为之黯然失色。"他恰如其分地说明了中国园林植物对世界的贡献。中国原产的果树、蔬菜、花卉和观赏树木，早已引向世界各地，在各国的园艺业中发挥着举足轻重的作用。享有世界声誉的英国爱丁堡皇家植物园，现有中国园林植物多达 1527 种及变种，该园以拥有这么丰富的中国园林植物而骄傲。中国是世界植物起源的几个中心之一，资源之多永远是我们的巨大财富。

中国现代园艺：熊猫

　　中国现代园艺事业的发展主要在新中国成立以后，特别是 20 世纪 80 年代初以后。20 世纪 50 年代，国家工业的迅猛发展，城市的兴起，使得农业中的园艺业也随之兴盛起来，园艺科学研究和教育事业也有长足的进步。但是 20 世纪 50—70 年代，农业的发展总方针是"以粮为纲"，园艺业的发展受到很大限制，这种情况一直到 1978 年中国共产党的十一届三中全会以后才发生了根本性的转变。此后，农业上种植结构的改革，农民真正自主地根据市场变化决定种植什么，园艺业得到前所未有的大发展。从 1979—1998 年的 20 年间，蔬菜、果树的总面积和总产量的增长，在农业各行业（包括养殖业）中都是排在最前头的。

　　1999 年 5 月 1 日—10 月 1 日的"昆明 1999 年世界园艺博览会"，充分展现了中国和世界园艺生产与科研的最新成就，中国作为园艺大国的形象又一次矗立在世人面前。

　　中国的园艺业已成为农村经济的一项支柱产业。在一些地区，园艺业已成了发展绿色经济的支柱型产业。据《2013—2017 年中国园艺用品行业市场调研与投资预测分析报告》统计，2010 年中国园艺用品行业市场容量为 27.6 亿元，其中机械类园艺用品比重最高，超过 50%，手工具和资材比例大致相同，装饰比例最小。到 2015 年，行业市场容量有望超过 87 亿元。中国观赏园艺花卉业的发展起步较晚，但近几年发展很快，花卉的消费需求以年增长 20% 的速度上升，增长速度十分惊人。

西方园艺

　　西方园艺的起源可追溯到农业发展的初期阶段。根据考古发掘材料，西

西方园林景观设计

方在石器时代已开始栽培棕枣、无花果、油橄榄、葡萄和洋葱等。在埃及文明极盛时期，园艺生产也日趋发达，如香蕉、柠檬、石榴、黄瓜、扁豆、大蒜、莴苣、蔷薇等都有栽培。古罗马时期的农业著作中已提到果树嫁接和水果贮藏等，当时已有用云母片盖的原始型温室进行蔬菜促成栽培的案例。贵族庄园除栽有各种果树如苹果、梨、无花果、石榴等外，还栽培各种观赏用的花草如百合、玫瑰、紫罗兰、鸢尾、万寿菊等。中世纪时期园艺一度衰落达千年之久。

文艺复兴时期，园艺在意大利再次兴起并传至欧洲各地。发现新大陆后，那里的玉米、马铃薯、番茄、甘薯、南瓜、菜豆、菠萝、油梨、腰果、长山核桃等园艺作物被广泛引种。以后贸易和交通又进一步刺激了园艺的发展。

20世纪以后，园艺生产日益向企业经营发展，包括果树、蔬菜和观赏植物在内的园艺产品越来越成为人们完善食物营养，美化、净化环境的必需品。果树中的葡萄、柑橘、香蕉、苹果、椰子、菠萝，蔬菜中的豆类、瓜类和花卉中的切花、球根花卉等在国际贸易中的比重也不断提高。由于许多现代科学技术成果的应用，园艺生产技术进步迅速。如植物激素为园艺作物的繁殖和生长结果的调节提供了新的手段，组织培养技术使快速繁殖园艺作物和进行无病毒育苗有了可能，塑料薄膜的广泛应用大大便利了各种园艺作物的保护和生产，控制光照处理为周年供应蔬菜和鲜花开辟了新的途径，各种果实采收机、采集器的发明使园艺生产有可能很快地结束手工操作，遗传学的进步正把园艺作物育种工作提高到新的水平，现代园艺已成为综合应用各种科学技术成果以促进生产的重要领域；同时，园艺生产技术的研究，也反过来对植物生理学、遗传学等的发展起着有力的促进作用。

第二章

万紫千红的花卉园艺

花卉泛指一切可供观赏的植物。包括它的花、果、叶、茎、根等。通常以花朵为主要观赏对象。"花"在古代作"华",约从北朝起,逐渐流行以"花"代"华"。"卉"的本意为草,是"草"的简写。"卉"是草类的总称,故古代"花卉"常称"花草"。古代称草本开花为"荣",木本开花为"华"。"荣华"连称,泛指草木开花。所以花卉也就是代表一切草木之花。中国的花卉资源丰富,经过长时间的引种和国内外交流,积累了很多栽培经验。

第一节
花卉栽培的起源和发展

　　花卉是美化环境、丰富人民生活的活材料；花卉是色彩的来源，是季节变化的一种标记；花卉是为园林和风景区进行绿化、美化的重要活材料，是用以点缀居室、会场、阳台、道路、居民区、工矿区、寺庙等处的素材。花卉之美还常因季节、时间与天气而有变化，四季相异，早晚不同，晴雨有别。花卉从发芽、抽梢、展叶到开花、结果、散籽等阶段构成的节奏感，使人们体会到动态美和生命的旋律。花卉以它的姿色、风韵和香味给人以美的享受，它既能反映大自然的天然美，又能反映出人类匠心的艺术美。

唐代以前的花卉园艺

　　《诗经·郑风·溱洧》述说郑国男女到溱洧二水的岸边欢聚，"维士与女，伊其相谑，赠之以芍药。"彼此以芍药和兰为礼品相赠，是中国关于花卉植物的最早记载。芍药，即蘼芜一类的香草；蕳，一种菊科植物。《说苑·奉使》"越使诸发执一枝梅遣梁王。"《越绝书》说勾践种兰渚山；战国时屈原在《离骚》中称"余既滋兰之九畹兮，又树蕙之百亩"，则是花卉栽培的较早记述。楚国的"蕙"，可能指的就是兰科植物。

　　独立的花卉栽培是从混合的园圃中分化出来的。殷商甲骨文中已有园、圃、囿的存在。园圃是栽培果蔬的场所，所栽果木如梅、桃等也兼有很好的观赏价值。囿和苑都是人工圈定的园林，有墙称囿，无墙为苑。汉武帝利用旧时秦朝的上林苑，加以增广，南北各方竞献名果异树，移植其中，多达2000余种，有名称记载的约100种，建成了中国历史上第一个大规模的植物园，在中国花卉栽培史上有较大影响。河北望都一号东汉墓中发现墓室内壁有盆栽花的壁画，表明盆栽花至迟在东汉时已经流行。

从花卉本身的演变看，许多花卉原先本是食用、药用的植物，人们喜爱其花朵，遂逐渐转变成专供观赏的花卉。或者食用、药用兼顾，如白菊花、芍药等。但是，更多的是发展成为专门的观赏花卉，如中国独特的牡丹、兰花、菊、腊梅、月季、茶花等，它们是花卉的主流。另一类植物如松柏、梧桐、竹、芭蕉等在中国园林和家庭宅院中占有特殊的观赏地位，可以说是广义的花卉，即观赏植物。

汉武帝修"上林苑"，诏令群臣从各地献名果奇树异卉，所得草木达2000余种。据说当时茂陵富人袁广汉已于北邙山建立私人园苑栽培花木。张骞出使西域诸国，带回多种植物中有安石榴，虽是作为果树引进，也可视为观赏花木引种的开始。相传菊花栽培始于晋代。以能仿大画家笔下意境为上品。南朝谢灵运称："永嘉水际竹间多牡丹"，盆景讲究诗情画意，说明当时牡丹也已作为观赏花木。

隋唐元宋时期的花卉园艺

隋唐时期，花卉业大兴。唐朝王室宫苑赏花之风盛行。长安城郊已有专业的花农，花市上出售花木有牡丹、芍药、樱桃、杜鹃、紫藤等。春季京城中还有"移春槛"的活动，就是将奇花异草植在笼子内，以木板为底，装以木轮，使人牵之自转，以供游人赏玩。还有"斗花"之举，富家豪商不惜千金买名花种于庭院中，以备春天到来时斗花取胜。这些赏花游乐活动推动了花卉种植，长安几乎成了花的城市。都城长安牡丹开花时节，曾出现观花和竞相买花的盛况。梅花在汉代已出现重瓣种，至唐代则杭州孤山的梅花已闻名于世。唐代还以常品牡丹来嫁接，1972年在陕西乾陵发掘的唐章怀太子墓中，墓道壁画有一侍女手捧山石小树盆景的图像；唐代诗人王维有将山石与蕙配置于黄瓷器中的记述，牡丹嫁接在明代以前主要用野生植株（山篦子）作为砧木。表明花卉盆栽和盆景艺术在唐代也已经出现。

中国花卉盆栽

　　宋元时期花卉的观赏从上层人士向民间普及，洛阳的风俗就是民众大都好花。春季到来时，城中人无论贵贱都插花，就连挑着担子卖货的小贩也是如此。花开时节，无论士人还是百姓都去观赏，热闹异常，到花落季节才算过去。南宋临安以仲春十五日为"花朝节"，有"赏芙蓉""开菊会"等社会赏花活动。钱塘门外形成花卉种植基地，四时奇花异草，每日在都城中展览。民间纷纷栽种盆花，相互馈赠。

　　宋代是中国花卉栽培的发展时期，当时的采种和留种技术也已有很大进步。有关花卉的书籍刊行也达到一个高峰。牡丹栽培在古都洛阳、河南陈州（今河南淮阳）、四川天彭（今四川彭县）已负盛名，其中洛阳各园栽培竟达数十万株之多。菊花自晋迄宋，不仅品种数量激增，栽培形式还出现了百千朵花出于一杆的大立菊形，宋时已能将两枝菊花靠接，形成一茎而开花各异。关于菊花的变异现象，唐代已有记述。

　　其他中国名花，如芍药、梅花和兰花等在宋代也有很大发展。蔡繁卿曾作"万花会"，收集展览大量绝品，当时有专谱记载的即多达30余个品种。梅花品种在宋代范成大《梅谱》中收录的有100种左右。当时苏州邓尉梅花盛开的景象被喻为"香雪海"。兰花品种在宋代赵时庚《金泽兰谱》中已按花色分列，且有细致的性状描述和不同品种的栽培方法，可知当时艺兰的技术已具相当水平。

　　宋时还出现了促成栽培方式，以纸糊密室为温室，当时有专谱记载的即多达30余个品种。凿地为坑，坑上置竹缠盛花，坑内置沸汤熏蒸以促花早开。北宋的汴京和南宋的临安，其他中国名花如芍药、梅花和兰花等在宋代也有很大发展。均已盛行瓶插花，说明已认识到栽培环境条件可导致变异的产生。并有了花卉市场和以接花为业的"园门子"。南宋《全芳备祖》记述花木已达400余种，堪称空前完备的花卉专集。

明清时期的花卉园艺

　　明清时期随着商品经济发展，更促进了花卉业的繁荣。华南地区的气候温暖，更适宜花卉发展，其花卉品类也不同于北方，花卉专业和花市盛况绝不亚于北地。除了专业花农，还出来中间商——"花客"。明、清两代的皇室、贵族，都热衷于寝陵、行宫的修建，官宦富豪之家竞相以构筑园林为荣，促使花卉栽培业走上了又一个发展时期。主要表现在：

1. 花卉品种的频增。

　　可做成鸾、凤、亭、台之状的结扎形以及一枝只生一莅的标本菊形等。菊花从宋代刘蒙《菊谱》所录的 35 个品种，盆栽蔓生，到明代黄省曾《艺菊书》所录 222 的个品种和王象晋《群芳谱》所录的 281 个品种，这个发展变化，不仅表明品种数量的激增，而且说明栽培技术也有很大提高。牡丹从宋代的 109 个品种，到《群芳谱》的 185 个品种，主要也是通过不断播种自然杂交种子而获得的。说明当时的采种和留种技术也已有很大进步。

　　2. 花卉繁殖方法的改进。

　　花卉盆栽和盆景艺术在唐代也已出现。牡丹嫁接在明代以前主要用野生植株（山篦子）作为砧木。明代除利用芍药根作砧木外，还以常品牡丹（单叶种或品种不很好的）来嫁接，提高了成活率。在菊花繁殖方面，宋代已有分苗、播种方法，明代开始应用扦插方法。同时，花卉栽培进一步发展。以小花菊本和莓作砧木，以他色菊苗头作接穗，进行割接繁殖也获得成功。明代俞宗本《种树书》记述了用人尿浸黄泥封树皮，促进植物生根的方法。徐光启《农政全书》对于植物的扦插繁殖技术，也有较详尽的记述。

　　3. 盆景的迅速发展。

　　元代高僧韫上人总结前人经验，创造"些子景"，开辟了盆景艺术的新途径。但在中国古代，盆景讲究诗情画意，以能仿大画家笔下意境为上品。清代《花镜》对盆景制作技术有较详尽的论述，对盆栽用土尤有独到见解。后

树桩盆景

逐渐形成了扬、苏、川、徽等各具特色的盆景艺术流派。

4. 花卉的相互引种渐多。

据说当时茂陵富人袁广汉已于北邙山建立私人园苑栽培花木。由于海运开通，东西方之间接触渐繁，花卉植物的相互引种也进一步得到发展。中国的四个月季花品种——斯氏中国朱红、中国黄色茶香月季、中国绯红茶香月季、柏氏中国粉色月季经印度传至英国，对欧洲月季的栽培产生了重大影响。中国的菊花、牡丹、翠菊也于18世纪下半叶先后被输入东亚和西欧各国。1840年以后，中国的野生植物资源有不少传出国外。同时，从外国引入的花卉种类也有增加。

知识链接

花卉花语

花卉花语是指人们用花来表达人的语言，表达人的某种感情与愿望，在一定的历史条件下逐渐形成的，为一定范围人群所公认的信息交流形式。赏花要懂花语，花语构成花卉文化的核心，在花卉交流中，花语虽无声，但却无声胜有声，其中的含义和情感表达甚于言语。不能因为想表达自己的一番心意而在未了解花语时就乱送别人鲜花，否则只会引来别人的误会。

花语在19世纪初起源于法国，随即流行到英国与美国，是由一些作家所创造出来的，主要用来出版礼物书籍，特别是提供给当时上流社会女士们休闲时翻阅之用。

真正花语盛行是在法国皇室时期，贵族们将民间对于花卉的资料整理编档，里面就包括了花语的信息，这样的信息在宫廷后期的园林建筑中得到了完美的体现。大众对于花语的接受是在19世纪中期，那个时候的社会风气还不是十分开放，在大庭广众下表达爱意是难为情的事情，所以恋人间赠送的花卉就成为了爱情的信使。

随着时代的发展，花卉成为了社交的一种赠予品，更加完善的花语代表了赠送者的意图。

第二节
花卉的栽培技术

花卉的栽培技术除了部分与大田作物相似外，更富有特殊之处。经过几千年积累，都散见于各种零星文献中，直至清初的《花镜》才有了系统的整理叙述。该书卷二的"棵花十八法"可说是集花卉栽培之大成。下面择要进行介绍。

古代花卉栽培专著

中国花卉栽培历史非常悠久，从浙江余姚"河姆渡"文化遗址可以考证，7000多年前我们的祖先已经开始欣赏花卉；殷商时期，甲骨文中出现"园、圃"，说明那时有了园林的雏形；春秋战国时期，在《诗经》《楚词·离骚》有了花卉栽培的记载，"吴王夫差建梧桐园，广植花木"；秦汉年间，统治者大建宫院，广罗各地奇果佳树，名花异卉，根据《四京杂记》所载，当时搜集的果树、花卉已达2000余种，其中梅花就有候梅、朱梅等不少品种。西晋时期，嵇含撰写的《南方草木状》记载了各种奇花异卉的产地、形态、花期，如茉莉、睡莲、菖蒲、扶桑、紫荆等，并以经济效益为前提，将中国南方81种植物分为草、木、果、竹类，此分类方法比瑞典林奈的植物分类系统早1400多年，成为中国历史上第一部花卉专著。唐朝，花卉种类和栽培技术有了很大发展，牡丹、菊花的栽培盛行，出现了盆景，并有了多部花卉专著，如王芳庆的《园林草木疏》、李德裕的《手泉山居竹木记》等。

宋朝，是中国花卉栽培的重要发展时期，花卉种植已成为一种行业，出

现了花市。不仅花卉的种类和品种增多，而且栽培技术有了极大的发展，如菊花的嫁接，培植出一株能同时开放上百朵花的大立菊和塔菊；唐（堂）花艺术，即利用土炕加温、热水浴促进植物提早开花。有关花卉专著已增加到31部。这些专著记载和描述了许多名花品种，还论述了驯化、优选以及通过嫁接等无性繁殖方法来保持优良品种特性的育种和栽培技术。如范成大的《苑林梅谱》，王观的《芍药谱》，王学贵的《兰谱》，陈思的《海棠谱》，欧阳修的《洛阳牡丹记》等。其中陈景沂的《全芳备祖》，收录了267种植物，其中120多种为花卉，并对其形态、习性、分布、用途等进行了阐述，可称为是中国古代史上的花卉百科全书。

明朝到清初，是中国花卉发展的第二个高潮时期。花卉专著达到53部。如明朝王象晋的《群芳谱》，王路的《花史左编》；清朝陈昊子的《花镜》，刘景的《广群芳谱》，袁宏道的《瓶史》等巨著。花卉开始商品化生产，生产的花卉不仅满足宫廷，也为市民所享用。如北京丰台的十八村（现黄土岗乡）是当时北京花卉的名产地，宣武门是北京最大的花市。

150多年前鸦片战争，由于帝国主义的入侵，使中国花卉栽培业遭受了极大损失，丰富的花卉资源和名花异卉被大肆掠夺，如大树杜鹃。外国商人、传教士、医生、职业采集家和形形色色的探险家，从中国采集了大量植物标本和种子、苗木，从而极大地丰富了欧洲的园林。但是，这些外国人为了满足自身的需要，也输入大批草花和温室花卉，约百余种，使中国的花农开始学习国外的栽培技术。在上海一带还出现了花卉装饰。

引种技术

花卉的栽培、品类的变异和增加，是与异地和异域不断引种有关的。最早的大规模异地引种即是汉武帝"上林苑"。以后历代的引种，连绵不断。《南方草木状》所记岭南植物80种，其中的茉莉、素馨等即为自波斯引入。唐代李德裕曾将南方的山茶、百叶木鞭蓉、紫桂、簇蝶、海石楠、俱那、四时杜鹃等花木引种在他的洛阳别墅平泉庄内，共有各地奇花异草70余种。白居易曾将苏州白莲引种于洛阳、庐山杜鹃引种于四川忠县。牡丹原生于洛阳，宋以后随着异地引种栽培，安徽亳州、山东曹州崛起成为牡丹著名产地。菊花原产长江流域和中原一带，自元代起，渐向北方引种，直至边远地方也种菊花。

无性繁殖技术

从唐宋时期起，嫁接的应用已经不限果树桑木，并且推广到花卉上。宋代文献中就已有关于嫁接牡丹的记载。牡丹原产中国西北地区，它花大色艳，富丽多姿，深受人们喜爱。但最初却是作为药用植物被人采摘的。到了隋唐时期才成为主要供观赏用的花卉来栽种。宋代除了用引种、分株和实生等方法，还采用嫁接来繁殖。嫁接不只能产生新种，而且还能把新种很快繁殖起来。所以宋代牡丹的品种既多，花型花色的变化也就更加复杂了。当时洛阳还出现了一些靠嫁接牡丹为生的园艺专业户。嫁接的牡丹多已成为特殊的商品在市场上出售。嫁接的花卉除了牡丹，还推广到海棠、菊花、梅花等。这虽然是由于迎合文人雅士和官绅的兴致，但也反映出当时的劳动人民在园艺技巧上的非凡成就。达尔文在《动物和植物在家养下的变异》一书中指出过："按照中国的传统来说，牡丹的栽培已经有 1400 年了，并且育成了 200～300 个变种。"在这些变种中就有许多是靠嫁接获得的。

实际上，花卉种植中利用无性繁殖较普遍。宋代农书中认为，花应该在大约 3 年或 2 年就进行分株。如果不分的话，旧根就会变老变硬而侵蚀新芽。但分株也不可过于频繁，分得太频繁也会对花株造成损害，要按着时节适时分株。分株的标准是"根上发起小条"，就可以分。对于大的树木移植，须剪除部分枝条，以减少水分蒸腾，并防风摇致死。扦插的要点是要赶在阴天才可进行，最好是赶上连雨。插时须"一半入土中，一半出土外"。如果是蔷薇、木香、月季及各种藤本花条，必须在惊蛰前后，选嫩枝砍下，长 2 尺左右，用指甲刮去枝下皮三四分，插于背阴之处。有关花木的嫁接技术至宋代才有记述，以后逐渐增加。北宋欧阳修叙述过牡丹的嫁接方法，其砧木要在春天到山中寻取，先种于畦中，到秋季乃可嫁接。据说，洛阳最名贵的牡丹品种"姚黄"一个接穗即值钱万千，接穗是在秋季买下，到春天开花才付钱。嫁接的技术性很强，并非人人都会接，当时著名的接花工，富豪之家没有不邀请的。当时对于接花法的论述很多，有人指出在接花时砧木与接穗皮必须相对，使其津脉相通。有人提到当时洛阳的接花工以海棠接于梨树上可以提前开花。还有人认为果实、种子性状相似的植物，其亲缘也相近，容易接活。清代有人以艾蒿为砧木，根接牡丹，使牡丹越接越佳，百种幻化，遂冠一时。

种子繁殖技术

宋时人们已注意到长期进行无性繁殖的花木要改用有性的种子繁殖，因为自然杂交所结的种子，后代容易产生变异，再从中选择，便可获得新的品种。当时花户大抵是多种花籽，以观其变。对种子繁殖的土壤肥料要求，正如《花镜》一书所说地势要高，土壤要肥，锄耕要勤，土松为好。下种的时间因花卉而异。下种的天气宜晴，雨天下种不易出芽，但晴天下种后三五日内最好有雨，不下雨要浇水。果核排种时必以尖朝上，肥土盖之。细子下种，则要盖灰。

整枝摘心技术

宋时苏州一带花农已知道识别梅的果枝和生长过旺、发育不充实的徒长枝，可采取整枝、摘心、疏蕾、剪除幼果等方法，使花朵开多开大。《花镜》一书对整枝的必要性，还从观赏的角度申述，认为各种花木，如果任其自由发干抽条，未免有碍生长。需要修剪的就要修剪，需要去掉的就要去掉，这样才能使枝条茂盛有致。修剪的方法要看花木的长相，枝向下垂者，当剪去。枝向里去者，当断去。有并列两相交的，当留一去一。枯朽的枝条，最能引来蛀虫，当速去除。冗杂的枝条，最能碍花，应当选择细弱的除去。粗枝用锯，细枝用剪，截痕向下，才能防雨水沁入木心等。这些都是很实用的知识。

知识链接

牡丹栽培

牡丹为中国原产毛茛科的落叶灌木，隋唐以前，牡丹在人们生活中的作用是入药或当柴薪烧，在花卉中亦非名品。当时牡丹还处于野生状态。牡丹的栽培起于唐武则天时期。舒元舆是唐宪宗元和时人，他的《牡丹赋序》记载了唐代人工栽培牡丹的情况，"古人言花者，牡丹未尝与焉，盖遁于深山，自幽而著，以为贵重所知，花则何遇焉。天后之乡西河也，有众香精舍，下有牡丹，其花特异，天后叹上苑之有阙，因命移植焉。由此京国牡丹，日月寝盛。"

妖娆牡丹

牡丹由于受到统治者的推赏而备受人们喜爱，由此留下了大量歌咏牡丹的诗篇，如刘禹锡在《赏牡丹》中说："唯有牡丹真国色，花开时节动京城。"这种喜爱牡丹的盛况，是史无前例的。从此，牡丹便成为中国著名的栽培花卉。

花卉盆景艺术

盆景是用木本或草本植物兼利用水石等经过艺术加工，种植或布置在盆中，使成为自然景物缩影的一种艺术作品，它是中国园艺技术高度发展的产物。盆景由盆栽发展而来，但它又不同于盆栽，盆栽只用盆皿等容器栽培植物。而盆景则是在人们审美观点指导下的，经过艺术处理和技术加工创造成景的艺术品，因此可以说，盆景是盆栽园艺技术的高级发展阶段。

唐代以前只有盆栽，从有关史料看，盆景应出现于唐代。1972年陕西乾陵发掘的唐代章怀太子墓中，在甬道东壁上，绘有仕女，双手托一盆景，中有假山和小树。唐代阎立本所绘的《职贡图》中，也有一人托盆，盆内立有玲珑石的山石盆景。唐代冯贽在《记事珠》中说："王维以黄瓷斗贮兰蕙，养以绮石，累年弥盛。"上述史料皆反映唐代已经出现了以山石装点的盆景。至于盆景艺术的另一个重要方面树桩盆景，唐代尚未见记载。到宋代出现以岩松树桩为基座的树桩盆景，盆景也逐渐发展到民间。

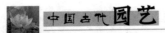

花卉栽培的新技艺

宋代花卉栽培特别兴盛，贵贱都以栽花为乐，出现专门种花为业者。据宋代《全芳备祖》记载，这时的花卉种类约有118种之多。同时，出现了大量的花卉著作，如《洛阳牡丹记》《扬州芍药谱》《洛阳花木记》《菊谱》《兰谱》等，书中总结了丰富的花卉栽培经验。如欧阳修的《洛阳牡丹记》中，牡丹栽培有接花法、种花法、浇花法、养花法、医花法等技术，还利用芽变进行嫁接育成新品种。当时著名的牡丹潜溪绯，"本是紫花，忽于丛中特出绯者不过一二朵"，发生芽变，再嫁接在他枝上，称为"转枝花"，育成了新品种。

宋代最为出色的花卉技术是堂花法，"凡花之早放者，名曰堂花"。北宋温革《分门琐碎录》记载："菊花大蕊未开，逐蕊以龙眼壳罩之，至欲开时，隔夜以硫磺水灌之，次早去其罩即大开。"此书还载有催花法，用马粪浸水，对孕蕾植株进行浇灌，可提前开花。周密《齐东野语》记载南宋时临安马塍所用堂花法：以纸糊严密室，凿地作坎，上置竹帘。坎中堆放拌牛粪和硫黄的土壤，并置沸水于坎中，然后将花枝放于帘上，轻扇汤气熏蒸，如是经一宿，则花就开放。这种靠增加气温、湿度促使花朵提前开放的技术用之于牡丹、梅花和桃花。而桂花则不同，认为必凉而后放，需将桂花枝条置于石洞、岩窦间，使暑气不到，并扇以凉风，方能提前开放。当时已根据不同花卉对寒温的不同反应，采取多种措施促使花早放，表明堂花技术达到了较高水平。

花卉治虫与防虫

治虫防虫是花卉栽培中必不可缺的环节。防治害虫的措施记载，初见于宋代，至明清而更加完备。《洛阳牡丹记》提到牡丹防虫的方法是这样的：种花之前一定要选择好的土壤，除去旧土，用细土和白蔹末一斤混合。因为牡丹根甜，很容易引虫食，白蔹能杀虫，这是防治虫害的种花之法。还指出如果花开得变小了，表明有蠹虫，要找到枝条上的小孔，这就是虫害所藏之处。花工将这种小孔称为"气窗"。用大针点硫酸末刺它。虫被杀死后花就会重新变得繁盛。可见宋时使用的药物治虫有白蔹、硫磺等，种类较少。到明清时，药物种类大为增加。光是《花镜》中提及的植物性药物有大蒜、芫花、百部等，无机药物有焰硝、硫磺、雄黄等。此外，还有采取物理方法如烟熏蛀孔、江蓠粘虫等。

 知识链接

由花卉而引发的生物进化思想

古代人民利用生物的变异培育了无数的花卉品种。宋代刘蒙在《菊谱》一书里，曾经描述了35个菊花品种。面对这么多多彩多姿的菊花，他悟出一个非常深刻的道理。他认为：无论是菊花或是牡丹，在古代，其品种都不如现在的多，菊花和牡丹一样，都是时常产生变异的。只要人们年年选取并保存其变异，就可以得到新的菊花品种。现在之所以有这么多新的菊花品种，就是不断选择变异形成的。他还认为：无论是牡丹或是菊花，现在还都在发生变异，将来也还要继续发生变异，只要"好事者"继续不断地进行选择，新品种就会继续形成和出现。这种把变异和对变异的不断选择看成是生物由少数类型发展为多数类型的原因，反映了中国古代关于生物变化发展的观念，这对后人是有深刻影响的。

明代夏之臣还进一步认识到"忽变"（突变）与花卉品种繁多的关系。他在《亳州牡丹述》中说："牡丹其种类异者，其种子之忽变者也。"300多年前，夏之臣就以"忽变"来解释牡丹种类的差异，这是十分难能可贵的。在这里"忽变"一词，已相当于20世纪初荷兰植物学家德弗里斯所创用"突变"一词。当然，由于时代的限制，当时中国学者还不可能像后来德弗里斯那样，提出一套完整的突变学说。

第三节
中国著名园艺花卉

 十全十美的月季

月季花在中国有着悠久的栽培历史。月季花是一种珍贵的观赏花木，花农根据它的不同品种，取了不同的名字，有金玉满堂、兰月、旭日等。有一种月季花，白色镶红，满芯翘角，花瓣70个左右，茎硬，叶片墨绿有光，香味浓郁，分外喜人，因此，叫作"十全十美"。相传，古时候有个花农，一生培育了不少品种的月季花，却没有一种是他称心如意的。经过千百次的实践，直到后来才培育成了这个新品种。花形、花瓣以及色泽都很美丽，便命名为"十全十美"。

月季花属蔷薇科直立灌木，羽状复叶，小叶3～5片，一般从5月前后放花，一直持续到12月份，如果种植在温室里，一年四季开花不断。花数朵同生，偶单生，原产于中国，久经栽培，园艺上变种颇多。《花镜》说："月季四季开红花，有深、浅、白之异，与蔷薇相类，而香尤过之。"月季花一名出现在典籍中，是始自宋朝，最早记录有月季花的书是宋代的《益部方物略记》："此花即东方所谓四季花者，翠蔓红花，属少霜雪，此花得终岁，十二月辄一开，花亘四时，月一披秀，寒暑不改，似固常守。"

20世纪40年代，上海等地开始引进外国的现代月季品种，这些花大、色艳、香浓的现代月季立刻受到广大市民的广泛欢迎。50年代以后，更多的外国月季品种被引入中国。现代月季的引进和人们对现代月季的喜好，对于古老的中国月季来说，无异于灭顶之灾。由于人们不再关心和呵护花朵较小、色彩淡雅的本土古老月季，这些月季逐渐被人们遗忘和抛弃。据不完全统计，目前仅淮阴、南京、常州等地尚存不到50个品种，大多数的本土古老月季品种已经绝迹。但令人意想不到的是，时至今日，反而是在西方的月季园里，

月季

一二百年前从中国引进的许多中国月季品种,现在仍然在盛开。只不过它们被赋予了新的外国名称,而不是我们中国人喜欢的富有诗意的名称了,如"汉宫春色""西施醉舞""春水绿波"等。

月季花不仅可以用来观赏,而且具有很高的经济价值。它的根、叶可以入药。李时珍在《本草纲目》中说出它的植物学特征,"青茎长蔓硬刺,叶小于蔷薇,而花深红。千叶厚瓣,逐月开放,不结籽也",然后指出它"气味甘、温、无毒","主治活血、消肿、解毒"。中草药手册中进一步提到月季花的功能,说它"性温、味甘",可"活血、调经、消肿",特别提到它的根"性平、味苦",有"祛风镇痛"之功,能治"月经过多、赤白带下",叶子则能治淋巴结核,脚膝肿痛,跌打损伤,嫩叶子更可直接捣烂后敷在患处,止痛消肿。月季的花瓣含有微量挥发油,可供制香料,从中提炼高级香精。

令人喜爱的月季花,不少人种植时,常因施肥、浇水、松土管理不善而枯死。为了让千家万户的月季婀娜鲜艳,这里简述一下月季花的培植和管理。

月季花系插枝培植,插枝培植分3个节气。一是冬至前夕,二是清明前后,三是梅雨季节。冬至前夕插枝,春季已生根发芽。如多枝培植,至清明要分盆护养,一盆一枝。清明插枝,从老月季身上剪下当年生嫩枝二三寸,插入泥盆。插枝前,盆土最好选用山泥,无山泥可用柴灰和其他泥土拌在一起。盆土要松软，加一些鸡鸽粪和黄豆水、绿肥，使盆土保持一定的养料和水分。嫩枝插入后，朝夕稍晒日光，中午放在阴处。傍晚略浇一些水，使盆土不发白为宜。两周后，嫩枝在盆内生根，三周后枝干不发枯黄，即成活。单枝培植的月季无须分盆，须加强护养管理。要做到两周施肥一次，一般用黄豆水或鸡鸽粪等，掺水溶解，容量以一杯为宜。每晚浇水一次，容量也以一杯为宜。如阴天泥土不发白，可隔天浇水。要随时注意修剪，枝头太高的要修短，使嫩枝发棵，枝干粗壮、茂盛，并除去盆内杂草。成活 3 个月后，新月季逐渐绽放花朵。隔一季后，花朵增多。

冰清玉洁的荷花

　　荷花，睡莲科，多年生的水生植物。又称芙蓉、莲花，中国自古就有栽培，《尔雅·释草》中已有记述。《齐民要术》载："春初掘藕根节头，著鱼池泥中种之，当年即有莲花。"踪迹遍于湖泽塘淀。"四面荷花三面柳，一城山色半城湖"的济南，即以荷花与泉水闻名。远在 3000 多年前的《诗经》上，就有"彼泽之陂，有蒲与荷"，"山有扶苏，隰有荷花"的诗句。1953 年北京植物园获古莲子，曾沉睡于辽宁地下泥炭里 1000 余年，坚如小铁蛋，竟未死去。经精心种植，在 1955 年盛夏抽叶开花，酷似现代荷花，可见中国种荷历史之悠久。

　　自古以来，诗人咏荷者甚多。南北朝时的江淹在他的《莲花赋》中赞颂莲花生于东南，也能在西北扎根。名闻华夏，流芳九州。唐朝诗人李商隐在他的《赠荷花》中曾这样写道："世间花叶不相伦，花入金盆叶作尘。惟有绿荷红菡萏，卷舒开合任天真。此花此叶常相映，翠减红衰愁杀人！"俗话说的"藕断丝连"，正是此意。皇甫松也曾写过著名的情诗《采莲子》："船动湖光滟滟秋，贪看年少信船流。无端隔水抛莲子，遥被人知半日羞。"真是情景交融、笔调细腻，在众多的采莲情诗中，可算是独树一帜。描写荷花最为知名的则要数南宋诗人杨万里，在景色秀丽的西子湖畔，写出的"接天莲叶无穷碧，映日荷花别样红"。荷花在百花之中享有很高的声誉。近代朱自清的《荷塘月色》也同样脍炙人口。

　　据说农历六月二十四日是荷花的生日。民间流传着许多荷花的故事：有的说，善良坚贞的白娘娘，从湖水清波里探出身来，腼腆地窥望人间时，变成了一朵洁白的荷花；有的说，纯洁的织女，悖逆王母娘娘的旨意，同众仙女嬉游银河时，宛如绽开的玉莲；还有那王冕画荷的传说……

　　出淤泥而不染是荷花特有的气质。它植水底淤泥之中，花叶却如此美丽纯洁，亭亭直立，绝不像浮萍随风飘荡。它称为"花之君子"不仅是宋代周敦颐的发现，更出于广大人民的赞赏。战国诗人屈原在他的动人美丽的诗篇中，也多次赞颂荷花。

荷花全身是宝，用途很广，既是食品，又是药物。它的地下茎莲藕，味道甘洌，含有20%的碳水化合物，丰富的淀粉、多种维生素及矿物盐等，是一种营养价值很高的水生蔬菜。它既可生食，又可煮食或炒着吃。还可加工制成藕粉、蜜饯和糖藕片等，既有营养，又易消化，是老弱妇幼的良好补品。荷花的果实莲子，鲜可生食，也可作汤菜、甜食或蜜饯。干莲子中，碳水化合物的含量高达62%，蛋白质的含量高达16.6%，还含有钙、磷、铁及维生素 B_1、B_2，胡萝卜素的含量也相当丰富，是很好的营养滋补食

清丽荷花

品。特别是白莲子，皮薄、肉厚，文火清炖，汤色美、味香甜。白莲罐头是中国的传统出口产品。莲壳中，含有7%的鞣料，荷梗、荷花、莲芯、莲须中，还含有多种生物碱。荷叶又是中国传统的包装材料。

如果说到荷花的药用价值，那就更大了。荷花的各部分，都可入药。莲须有固肾涩精之功。莲子有收敛镇静之能，可以补脾止泻、益肾固精。莲芯有清心利尿、降压除烦之效。花托、花瓣有活血、祛痰之妙。荷蒂（叶中央近叶柄部分）能清暑利尿，炒炭能固涩、止血。叶柄与花梗，能消暑利气，宽胸通乳。藕节可治咳血崩漏。

荷花在中国的长江、珠江流域栽植较多，黄河流域也有分布。荷花兼有花、叶、香"三美"。花朵很大，有单瓣、复瓣，颜色分白、粉红、深红、洒金等颜色。据《花镜》记载，有并蒂、千叶、锦边、一品、佛座等。荷叶也风致别具，或浮或立，密密层层，如碧玉盘。俗话说"荷花虽好，也要绿叶扶持"即出于此。就品种而言，大约可分3大类40余种。其中花藕和花香藕等品种，主要是向人们提供鲜藕而著称；湘莲和向日莲等品种，则是以向人们提供莲子而闻名；而花中君子和水花魁等品种，则是专供人们观赏的。北京的白花莲藕，山东南四湖的红莲藕，济南大明湖的白莲藕，以及金乡、嘉祥一带的池藕，也都是远近驰名的水生蔬菜。

莲藕虽然一生都在水中，但对水的深度却有一定的要求。如果水的深度

超过了植株高度，整个荷花都沉浸在水中，也会因为窒息而死亡。荷花所要求的水深，一般在生长初期，以 3～5 寸为宜；生长后期，一般可控制在 1 尺左右。在莲藕的枝叶长出水面以后，一旦风折叶柄，水就会从茎管灌入，使整株莲藕烂掉。"折断一枝荷，烂掉一窝藕"的谚语，说的就是这个道理。

每年荷花盛开季节，人们都愿"夏赏绿荷池"，你看那惹人喜爱的荷花满塘池中，它以娇艳的花朵和阵阵清香，吸引着众多的游客。

秀丽清雅的兰花

当今所称的中国兰花——国兰，古代称为兰蕙。正如北宋黄庭坚（1045—1105 年）在《幽芳亭》中对兰花所作的描述："一干一花而香有余者兰，一干五七花而香不足者蕙"。兰花是中国著名的花卉，百花之中，兰花是香花之冠，它那馥郁的幽香，四季长青的特性，受到人们的颂扬。古代诗词中就称它为"王者之香"，把它与松、竹、梅合称为"四君子"。深紫色兰花高洁清雅，芳香四溢，素有"香祖"和"天下第一香"之称。我们中国人观赏与培植兰花，比之西方栽培的洋兰要早得多。早在春秋时代的 2400 年前，中国文化先师孔夫子曾说："芝兰生幽谷，不以无人而不芳，君子修道立德，不为穷困而改节"。他还将兰称之为"王者之香"，这句话流传至今，足以证明兰花在中国历史文化上所占的地位。

古代人们起初是以采集野生兰花为主，至于人工栽培兰花，则从宫廷开始。魏晋以后，兰花从宫廷栽培扩大到士大夫阶层的私家园林，并用来点缀庭园，美化环境，如曹植《秋兰被长坡》一诗中便有这方面的描写。直至唐代，兰蕙的栽培才发展到一般庭园和花农培植，如唐代大诗人李白写有"幽兰香风远，蕙草流芳根"等诗句。

宋代是中国兰艺史的鼎盛时期，有关兰艺的书籍及描述众多。如宋代罗愿的《尔雅翼》有"兰之叶如莎，首春则发。花甚芳香，大抵生于森林之中，微风过之，其香蔼然达于外，故曰芝兰。江南兰只在春劳，荆楚及闽中者秋夏再芳"之说。南宋的赵时庚于 1233 年写成的《金漳兰谱》可以说是中国留传至今最早一部研究兰花的著作，也是世界上第一部兰花专著。全书分三卷五部分，对紫兰和白兰的 30 多个品种的形态特征做了简述，并论及了兰花的品位。继《金漳兰谱》之后，王贵学又于 1247 年写成了《王氏兰谱》一书，书中对 30 余个兰蕙品种做了详细地描述。此外，宋代还有《兰谱奥法》一书，该书以栽培法描述为主，分为分种法、栽花法、安顿浇灌法、浇水法、种花肥泥法、去除蚁虱法和杂法等七个部分。吴攒所著的《种艺必用》一书，

秀雅兰花

也对兰花的栽培作了介绍。1256年，陈景沂所著的《全芳备祖》对兰花的记述较为详细，此书全刻本被收藏于日本皇宫厅库，1979年日本将影印本送还中国。在宋代，以兰花为题材进入国画的有如赵孟坚所绘之《春兰图》，已被认为是现存最早的兰花名画，现珍藏于北京故宫博物院内。

明、清两代，兰艺又进入了昌盛时期。随着兰花品种的不断增加，栽培经验的日益丰富，兰花栽培已成为大众观赏之物。此时有关描写兰花的书籍、画册、诗句及印于瓷器及某些工艺品的兰花图案数目较多，如明代张应民之《罗篱斋兰谱》，高濂的《遵生八笺》一书中有关兰的记述。明代药物学家李时珍的《本草纲目》一书，也对兰花的释名、品类及其用途都有比较完整的论述。清代也涌现了不少兰艺专著，如1805年的《兰蕙同心录》，由浙江嘉兴人许氏所写，他嗜兰成癖，又善画兰，具有丰富的兰艺经验。该书分二卷，卷一讲述栽兰知识，卷二描述了兰花品种的识别和分类方法。全书记载品种57个，

并附上由他画的白描图。其他如袁世俊的《兰言述略》、杜文澜的《艺兰四说》、冒襄的《兰言》、朱克柔的《第一香笔记》、屠用宁的《兰蕙镜》、张光照的《兴兰谱略》、岳梁的《养兰说》、汪灏的《广群芳谱》、吴其濬的《植物名实图考》、晚清欧金策的《岭海兰言》等，至今仍有一定的参考价值。

兰艺发展至近代，有 1923 年出版的《兰蕙小史》，为浙江杭县人吴恩元所写。他以《兰蕙同心录》为蓝本，分三卷对当时的兰花品种和栽培方法作了较全面的介绍，全书共记述浙江兰蕙名品 161 种，并配有照片和插图多幅，图文并茂，引人入胜。此外，1930 年由夏治彬所著的《种兰法》，1950 年杭州姚毓谬、诸友仁合编的《兰花》一书，1963 年由成都园林局编写的《四川的兰蕙》，1964 年由福建严楚江编著的《厦门兰谱》，1980 年由吴应样所著的《兰花》和 1991 年所著的《中国兰花》两本书，以及香港、台湾所出版介绍国兰的书籍和杂志等，可以说是近代中国艺兰研究的一大成就。

中国栽培兰花已有 2000 多年的历史。兰花的栽植，《花镜》里有专门地总结了养兰诀云："春不出，夏不日，秋不干，冬不湿。"就是春天要防止霜雪冷风之患，夏天最忌炎蒸烈日，秋天多浇肥水或豆汁，冬天宜藏暖室或土坑内。

 知识链接

"兰花之国"——委内瑞拉

在委内瑞拉各地生长着许多野生的兰花，人们把兰花视为"神奇、梦幻般的花朵"。在 1714 年之前，人们就把兰花插进客厅的花瓶，甚至把兰花作为祭品供在祭坛上。委内瑞拉的诗人见到兰花就好像见到"天使的微笑"，画家见到兰花犹如在它面前展现了色彩缤纷的画面。在委内瑞拉的所有兰花中，有一种叫"五月兰"，学名卡特利亚·莫斯亚，是委内瑞拉的国花。委内瑞拉还定期举办兰花展览。他们在米兰达州举办的第十四届兰花展览会上，展出了 1000 多棵兰花，共和国的第一夫人应邀出席了开幕式。兰花不仅在委内瑞拉得到赞赏，还有许多国家也种植兰花。

国色天香的牡丹

"国色天香"，首见唐代李正封《咏牡丹》诗："天香夜染衣，国色朝酣酒。"本义指牡丹的花色香气非常出色，后也用以形容女性的出众美貌。"竞夸天下双无绝，独立人间第一香"。牡丹是中国特有的木本名贵花卉，花大色艳、雍容华贵、富丽端庄、芳香浓郁，而且品种繁多，素有"国色天香""花中之王"的美称，长期以来被人们当作富贵吉祥、繁荣兴旺的象征。

据学者考证，牡丹是由野生类型起源的。中国牡丹的种植可追溯到2000多年前，1972年甘肃武威东汉圹墓中发现的医简中已有牡丹入药的记载。魏晋时便有野生牡丹的文字记载，如《神农本草经》说："牡丹味辛寒，主寒热……安五脏，疗痈疮。"牡丹作为观赏植物始自南北朝时期，文献多有记载。刘赛客《嘉记录》说："北齐杨子华有画牡丹"，牡丹既已入画，其作为观赏的对象已确切无疑。谢康乐更具体指出种植的具体情况："永嘉水际竹间多牡丹。"

隋代时花匠引种和选育野生牡丹。隋炀帝在洛阳大兴土木，修筑宫苑，下诏搜罗珍禽异兽、奇花异草，其中就有牡丹。到唐代，都城长安（今西安）已广种牡丹，品种繁多。牡丹盛开时节，其姿色吸引了众多的游人观赏和购买。唐代著名诗人白居易曾作诗道："帝城春欲暮，喧喧车马度。共道牡丹

花中之王：牡丹

时，相随买花去。"到了宋代，栽培和观赏牡丹更是盛况空前，尤其是洛阳牡丹天下闻名，故有"洛阳牡丹甲天下"之说，于是牡丹的别名又叫"洛阳花"。此后，山东的菏泽、安徽的宁国、四川的彭县和灌县也盛栽牡丹。到了明代，曹州牡丹也有很高的声誉。

为什么牡丹有"国色天香"之誉呢？这是因为牡丹株形端庄，初夏开花，花形特大，花瓣重重，花姿典雅，色泽艳丽，清香宜人，艳冠群芳，故称"花中之王"。

牡丹之所以能有花王美誉，与古代花匠长期的辛勤培育分不开。花匠以自己的智慧和劳动通过各种方法，使牡丹品种日益增多，并总结了以下宝贵的经验和理论：

（1）注意到不同栽培的牡丹变种可能起源于同一个原始类型。如宋代人比较了不同变种花色和形态的差异以后，试图去寻找它们之间的亲缘关系，明确地表示一些栽培变种是由同一个亲本变来的。

（2）确立了连年选择变异植株，可以创造新类型的朴素进化观。宋代学者刘蒙在《菊谱》中写道："尝闻莳花者云：花之形色变异如牡丹之类，岁取其变者以为新。"所谓"岁取其变者以为新"，用现代科学术语说，就是连年选择变异植株或芽变，可以创造出新类型。

（3）最早注意到突变，提出原始形式的突变说，并用它解释物种的多样性。明代学者夏之臣曾对亳州牡丹类型和变种繁复的事实做了理论上的探讨，总结出两条原因："牡丹其种类异者，其种子之忽变者也；其种类繁者，其栽接之捷径者也，此其所以盛也。"在夏氏看来，牡丹变种多的原因主要是由于种子突变，其次是人们靠嫁接这条捷径，把各种类型保存下来，所以品种才繁盛。

知识链接

观赏洛阳牡丹的趣事

宋代文豪欧阳修，曾著有《洛阳风土记》《洛阳牡丹谱》《洛阳牡丹图》3本关于牡丹的专著，是我国最早的牡丹史料。他曾遍历洛阳城中19

花园，对姚家的千叶黄牡丹和魏家的千叶肉红色牡丹尤为推崇，即俗称"姚黄魏紫"。洛阳最名贵的牡丹品种是"姚黄"和"魏紫"。前者被誉为花王，后者被誉为花后。"姚黄"的花面有一尺多。据说，每当花开时节，姚氏门巷车马塞途，有的人就站在墙头上或立在人肩上争着观赏，确是"花开时节动京城"。接一株"姚黄"价值 5000 个钱，看一次"魏紫"也得付十几个钱。所以有人写诗说："姚魏从来洛下夸，千金不惜买繁华。"

富丽堂皇的山茶花

茶花是中国传统名花，世界名花之一，也是云南省省花，浙江省金华市和温州市的市花。因其植株形姿优美，叶浓绿而光泽，花形艳丽缤纷，而受到世界园艺界的珍视。山茶花是我国特产，原产地在云南，自古以来就有"云南山茶甲天下"之誉。有学者认为 4000 年前我们的祖先就已经发现了它，我国山茶的栽培早在隋唐时代就已进入宫廷和百姓庭院了。到了宋代，栽培山茶之风日盛。南宋诗人范成大曾以"门巷欢呼十里寺，腊前风物已知春"的诗句，来描写当时成都海六寺山茶花的盛况。明朝万历年间云南巡抚邓渼说："因考唐人以前，此花独不经题咏，以僻远故不通中土，遂使奇姿艳质沦落无闻。"宋代以后，特别是元明之际，其栽培越盛，吟咏渐多，于是声名鹊起。可以说，与中国其他多数名花相比，山茶的资历甚老，而出名却不早。

艳而不妖，富丽堂皇，古老而又充满活力，傲霜斗雪与梅并肩，是山茶花最重要的高贵品质，它们也体现了中华民族的精神和气概。

1986 年，全国评选名花。结果，十大名花列于榜上：傲霜斗雪的梅花、"国色天香"的牡丹、千姿百态的菊花、"天下第一香"的兰花、"花中皇后"的月季、"花中西施"的杜鹃、富丽堂皇的山茶、"出于淤泥而不染"的荷花、十里飘香的桂花、"凌波仙子"水仙花。山茶花以其富丽堂皇的品质名列中国十大名花中的第七。

据植物学家考证，云南山茶花是由一种名叫红花油茶的茶属油料植物经过长期自然演变和人工培育而形成的。如今，作为云南山茶花的老祖宗——红花

富丽堂皇的山茶花

油茶在滇西高黎贡山仍风姿绰约。树木高大壮美，合抱之株比比皆是；地处山野，迎风吐艳，更显铮铮风骨；山风呼啸，落红铺地，极为壮观。

云南山茶品种繁多，然而花色却不多。在 105 个品种中，绝大多数都是红色和粉色，少数为紫色和白色。因此，古往今来赞美山茶的诗词中，大都离不了"火""红"两个字。

然而，大自然是那样的千姿百态，花卉世界又异彩纷呈，这些无不引发人们去思索：为什么山茶花在红色的热烈、白色的纯洁之外，就没有黄色的娇贵呢？

直到 20 世纪 60 年代初，中国广西才发现了黄色的山茶花——金花茶！中国植物学界为之欣喜不已，世界园艺界为之震惊，人们献给它一顶桂冠："茶族皇后"。金花茶，色鲜油润，金黄耀眼，光彩夺目，艳丽高雅，十分可人；而且与一般山茶花相比，它花期更长，从每年 11 月至翌年 3 月，达 5 个月之久。

此后，经过艰辛努力，终于把金花茶请出了深山密林，在昆明和南宁等地栽培成功。1978 年 2 月，引种到昆明植物园的金花茶首次开出金黄的花朵，在满园红山茶中，它是那样的耀眼夺目，为春城的花海增添了异彩。后来，昆明金殿茶花园也有了"茶花皇后"的倩影。如今，金花茶作为茶花瑰宝已被列为国家一级重点保护植物。

 知识链接

山茶花的"十德"

古人总结了山茶花有十德，即：

色之艳而不妖，一也；

树之寿有经二三百年者，犹如新植，二也；

枝干高耸有四五丈者，大可合抱，三也；

肤文苍润，黯若古云气樽罍，四也；

枝条黝纠，状似麋尾，龙形可爱，五也；

蟠根兽攫，轮囷离奇，可屏可枕，六也；

丰叶如幄，森沉蒙茂，七也；

性耐霜雪，四时常青，有松柏操，八也；

次第开放，近二月始谢，每朵自开至落，可历旬余，九也；

折入瓶中，水养十余日不变，半含者亦能开，十也。

此皆它所不能全。因此，山茶花被誉为"十德花"。

傲雪独立的梅花

早在 7000 多年前，梅就已在中国大地发生和发展，从南北各地的考古发掘中，不断地传出可喜的消息。有关梅的最早文字记载当推民间歌谣的汇集《诗经·小雅·四月》，写有"山有佳卉，侯栗侯梅"；《山海经》里也有"灵山有木多梅"的记载。可见梅在3000多年前就已经被人们所重视。1966年湖北江陵望山发掘了一座战国时期的古墓，从出土的文物中，人们发现了梅核，这些梅核至今完好地保存在湖北省博物馆中，它将梅的历史推到了2000多年以前。而保存在南京博物院中的梅核，经专家鉴定似为梅核，它出土于江苏吴江梅堰镇新石器时代遗址中。在中原河南新郑裴李岗遗址出土的梅核，也是新石器时代的，它们将中国梅的历史，又向前推了6000多年。梅是中国特有的传统花果，已有3000多年的应用历史。《书经》云："若作和羹，尔唯盐梅。"上述古书的记载说明，古时梅子是代酪作为调味品的，系祭祀、烹调和馈赠等不可或缺的东西。至少在2500年前的春秋时代，就已开始引种驯化野梅使之成为家梅——果梅。1975年，中国考古人员在安阳殷墟商代铜鼎中发现了梅核，这说明早在3200年前，梅已用作食品。

观赏梅花的兴起，大致始自汉初。《西京杂记》载："汉初修上林苑，远方各献名果异树，有朱梅、胭脂梅。"这时的梅花品种，当是既观花又结实的兼用品种。西汉末年扬雄作《蜀都赋》云："被以樱、梅，树以木兰。"可见约在2000年前，梅已作为园林树木用于城市绿化了。到了南北朝，艺梅、赏梅、咏梅之风更盛，"梅于是时始以花闻天下"。隋唐至五代是艺梅渐盛时期，

俏丽梅花

宋元明清时代是梅的继续发展时期，在整个封建社会的历程中，梅花始终长盛不衰。宋代诗人陆凯在荆州折梅赋诗赠送长安好友范晔，留下一段佳话："折枝逢驿使，寄与陇头人，江南无所有，聊赠一枝春。"梅在人们的生活中扮演着寄托情感，寓意追求的角色。

梅花与松、竹合称"岁寒三友"，在文人雅士的眼中代表了气节。因此，种梅赏梅爱梅成为很多文人生活的一部分。中国境内有一些历史悠久、比较为人所知的古梅：其中有代表性的是楚梅、晋梅、隋梅、唐梅和宋梅，有五大古梅之说。

楚梅：在湖北沙市章华寺内。据传为楚灵王所植。如此算起至今已历2500余年，可称最古的古梅了。

晋梅：在湖北黄梅江心寺内。据传为东晋名僧支遁和尚亲手所栽，距今已有1600余年。冬末春初梅开两度，人称"二度梅"（还有一个说法，因整个花期历冬春两季而得二度梅之名）。

隋梅：在浙江天台山国清寺内。相传为佛教天台寺创始人智者大师的弟子灌顶法师所种，距今已有1300多年。

唐梅：有两棵古梅并称"唐梅"。一在浙江超山大明堂院内，相传种于唐朝开元年间。一在云南昆明黑水祠内，相传为唐开元元年道安和尚手植。

宋梅：在浙江超山报慈寺。一般梅花都是五瓣，这株宋梅却是六瓣，甚是稀奇。

高雅纯洁的百合

百合叶似翠竹，沿茎轮生。百合花的花型各式各样，有碗形、喇叭形、杯形等，它的颜色色彩缤纷，有白、黄、粉、紫、洋红、橘红、淡绿等。百合花从春天到秋天一直都开放，但在夏天开放得最盛。由于它的姿态异常优美，被人誉为"云裳仙子"。百合的鳞茎由鳞片抱合而成，有"百年好合""百事合意"之意。情人节除了玫瑰外，百合也是代表心意之物，中国人自古视百合为婚礼必不可少的吉祥花卉。百合在插花造型中可做焦点花、骨架花。它属于特殊型花材。产地及分布：中国、日本、北美和欧洲等温带地区。百合花花姿雅致，叶片青翠娟秀，茎干亭亭玉立，是名贵的切花新秀。

百合在中国种植时间很悠久，汉代的《神农本草经》就记载过它。但中国最初是食用它的鳞茎，用其入药。后来人们发现它有些品种的花十分美丽，就把它当作一种观赏植物。南北朝时梁宣帝的第三子萧察曾经写诗："接叶有多种，开花无异色。含露或低垂，从风时偃仰。"这首诗描述了百合的诱人之姿，他提到百合没有别的颜色，只有白色。中国百合只有白色一种，后来百合在国外经过培育才出现多种颜色。

百合的主要应用价值在于观赏，其球茎含丰富淀粉质，部分品种可作为蔬菜食用。它作为蔬菜已经有 2000 多年历史，百合色白细腻，香糯爽口，稍微有点苦味，适合做各种菜肴，营养丰富。以食用价值著称于世的中国兰州百合，最早记载在甘肃省平凉县志中，迄今已有 450 多年。兰州七里河等地区广泛栽种食用百合，在国内外享有很高声誉。兰州百合个大、味甜，既可作为点心，又可作为菜肴。宜兴的卷丹制成百合汤是夏日消暑佳品。百合还可制作成百合干、百合粉，在国际市场上价格很高。中医认为百合性微寒平，具有清火、润肺、安神的功效，其花、鳞状茎均可入药，是一种药食兼用的花卉。到目前为止，百合仍然是中药中的常用药材。银耳、红枣、百合在一起煮的百合银耳汤是很好的滋补膳食。百合虽味道鲜美，但因其性寒，身体虚寒者不要食用。

纯洁的百合花

月下美人——昙花

　　昙花，属于仙人掌科。老枝圆柱形，新枝扁平，呈叶状。按佛教传说，转轮王出世，昙花才生。中国栽培昙花的历史有 1000 多年，相传在公元605—616 年间，隋炀皇帝到扬州看过昙花。现在各地温室、花圃都有栽培。

　　昙花原产地在美洲的热带沙漠，由于缺乏水分，气候干燥，使昙花在形态上有不少特殊的地方，如老枝呈圆柱形、新枝扁平呈叶状、花生于叶状枝的边缘。

　　昙花之所以名贵，是由于它的花朵开放快而短，花雪白晶莹，芳香而极美丽。据记载，在夏季至秋季的 7～9 月间的晚上开放，翌晨即萎。从枝边缘的凹口里开放出来，一朵花约有 30 厘米长，花下部成一长筒，筒的外面还有不少紫色长线形裂片，上部才是一片片雪白的花瓣，开花时筒部下垂而翘起，像个秤钩，在花心里有成束的多得惊人的雄蕊，中间有一条白色的花柱，花柱顶端有 16～18 条形成放射状的柱头。开放时如靠近花仔细

昙花一现

观看，便可发现花瓣花蕊似乎都在颤动。但遗憾的是夜开，到晚上七八点钟才开放，到深夜十一二点钟就萎谢，先后开放只有四五个小时左右，花在半小时内可增大到半寸左右，2～3小时即可开足，开足后花的直径比饭碗的口径略大一点。

由于昙花花形美丽且香气浓郁，淡素洁白，又在晚上开放，故有"月下美人"的雅号。昙花难得出现，所以常用来比喻稀奇而又容易消逝的事物。因此，在中国就形成了"昙花一现"这句成语。

昙花易繁殖，只要剪取1～2年的老枝，插在泥沙各半的土壤里，放于阴凉处，并常在叶状茎上喷水，一个月左右，待长出根时便可移栽。移栽昙花的土壤要排水良好，夏季要防曝晒，冬天则放在背北向阳的地方，肥料可用腐熟的鸡粪、骨粉等。

昙花不仅是美丽的观赏植物，而且还有药用价值，它的花、叶都可入药。花可用来和瘦肉一起煮汤，功能同霸王花。叶状枝捣烂外敷，可治烫伤、疮肿等症。

传说昙花原是一位花神，她每天都开花，四季都灿烂。她还爱上了每天给她浇水除草的年轻人。后来此事给玉帝得知，玉帝于是大发雷霆要拆散鸳鸯。玉帝将花神抓了起来，把她贬为每年只能开一瞬间的昙花，不让她再和情郎相见，还把那个年轻人送去灵鹫山出家，赐名韦陀，让他忘记前尘，忘记花神。

多年过去了，韦陀果真忘了花神，潜心习佛，渐有所成。而花神却怎么也忘不了那个曾经照顾她的小伙子。她知道每年暮春时分，韦陀总要下山来为佛祖采集朝露煎茶。所以昙花就选择在那个时候开放。她把集聚了整整一年的精气绽放在那一瞬间。她希望韦陀能回头看她一眼，能记起她。可是千百年过去了，韦陀一年年地下山来采集朝露，昙花一年年地默默绽放，韦陀却始终没有记起她。直到有一天一名枯瘦的男子从昙花身边走过，看到花神忧郁孤苦之情。便停下脚步问花神："你为什么哀伤？"花神惊异，看到他不过是个凡人。花神犹豫片刻只是答道："你帮不了我。"40年后那个枯瘦男子又从昙花身边走过，又问："你为什么哀伤？"花神再次犹豫片刻只是答道："你也许帮不了我。"枯瘦的男子笑了笑离开。又一个40年后一个枯瘦的老人再次出现在花神那里，原本枯瘦的老人看起来更是奄奄一息。当年的男子已经变成老人，但是他依旧问了和80年前一样的话："你为什么哀伤？"昙花答道："谢谢你这个凡人，在你一生问过我3次，但是你毕竟是凡人而且已经奄奄一息，还怎么帮我，我是因爱而被天罚的花神。"老人笑了笑，说："我是聿明氏，我只是来了断 80 年前没有结果的那段缘分。我是来送你一句：缘起缘灭缘终尽，花开花落花归尘。"说完老人闭目坐下。时间渐渐过去，夕阳的最后一缕光线开始从老人的头发向眼睛掠去，老人笑道："昙花一现为韦陀，这般情缘何有错，天罚地诛我来受，苍天无眼我来开。"说罢，老人一把抓住花神，此时夕阳滑到了老人的眼睛，老人随即圆寂，抓着花神一同去往佛国去。花神在佛国见到了韦陀。韦陀也终于想起了前世因缘，佛祖知道后准韦陀下凡了断未了的因缘。因为叫聿明氏的老人违反了天规，所以一生灵魂漂泊。不能驾鹤西游，也不能入东方佛国净土，终受天罚永无轮回。

昙花一现，只为韦陀。所以昙花又名韦陀花。也因为昙花是在夕阳后见到韦陀，所以昙花都是夜间开放。

月中天香——桂花

天已转凉，秋高气爽。桂花树开着一簇簇黄色的小花，"清风吹芳香，芳香袭人怀"，那清香使人心旷神怡。

凡花中香味，有淡、有浓，唯独桂花淡可以洗去凡俗，浓能飘行至远。

十里飘香：桂花

这就是人们对桂花赞叹："清可绝空，浓能透远，弥空不散。"

桂花开放之时，正逢仲秋，也是中秋节的前后。此刻正是一年之中月儿最明的时候，古人就说，"丹桂飘香，银蟾光满"。银蟾指的是明月，不仅人间桂花飘香，月上桂花也盛开，桂花还被指代月亮，北周庾信《舟中望月》就有"天汉看珠蚌，星桥视桂花"的诗句。唐代段成式在《酉阳杂俎》说，传说月亮上有桂树，有蟾蜍。桂树高有500丈，树下有一人常常砍它，树随砍随愈合。这个人姓吴名刚，西河人，学仙术时有过错，玉帝下旨惩罚，让他一直伐树。

人们传说吴刚砍树时，桂树种子也随之落下。唐时杭州灵隐山中种了很多桂花树，寺中僧人说，这是月上种子。到现在中秋之夜往往都有桂树种子坠下，寺中僧人曾拾得不少，种下就活了。唐诗人宋之问到此事后在《灵隐寺》诗中写道："桂子月中落，天香云外飘。"

月亮上不仅有砍树的吴刚，还有那奔月的嫦娥。嫦娥偷吃后羿的仙药后，飞到了月宫，从此好生孤独。

月上的桂花树能够长生不老，于是早在西汉时就被认为是神仙之树。人们认为吃桂花可以长生不老。西汉刘向编纂的《列仙传》上说："彭祖是殷朝的大夫，常吃桂花和芝草，善于内修养生之术，于是活了八百多岁。"

桂花除了有让人长寿的传说外，还被视为科举及第的吉兆。古时，乡试一般例在农历八月举行，这正是桂花盛开的季节。人们就把科举考场美称为"桂苑"；考生考中喻为"折桂"，还与神话传说相连，称为"月中折桂""蟾宫折桂"；及第者美称为"桂客""桂枝郎"。人们八月十五吃的桂花糕还有这样的来历：过去考生乡试时，亲友用桂花、米粉蒸成糕，称为广寒糕，相互赠送，取广寒高中之意，流传至今就成了桂花糕。

桂花有一个特点，就是它花瓣干枯，颜色浅淡，但是香味却绵长久存。可以把它存在书柜，让书散发其香；也把它放进信封，让它的清香代表自己的一份思念，寄给远方的亲人。

桂花香味长久。宋时，人们把桂花加工品放在熏炉中焚烧，为居室生香。人们把桂花和冬青子一起捣烂，做成小香丸，在通风之处晾干。把香丸放入香炉隔板上，伴随炭火燃起，那清香也随之飘荡，萦绕不去，深藏于内心的那份情感，也蕴含在桂香里久久不散。

桂花可泡酒，称为桂花酒。酒色泽浅黄，花色渗入酒色，花香伴随酒香。虽清冽如水，但清香让人不饮都为之沉醉。

硕果满枝的果树园艺

中国果树栽培的历史悠久,可以追溯到殷商时期,距今至少已有3000年;而作为世界上三个最大最早的果树原生地之一,中国原产的果树种类繁多:以华北为中心的原生种群,包含许多重要的温带落叶果树,其中包括桃、中国李、杏、中国梨、柿、枣和栗等。分布在长江流域以南的常绿果树,有柑橘、橙、柚、龙眼、荔枝、枇杷等。有些不仅原产中国,而且到现在还是中国的特产。这些原产于中国的果树,现在多数已经推广到世界各地,为丰富世界人民的营养做出巨大贡献;同时中国在果园的建立、管理和果树的栽培技术方面,积累了丰富的经验。

第一节
果园的建立与果树栽培

中国古代果园出现很早，在《诗经》中已有"园有桃""园有棘"等诗句，说明周代已有专门栽培果树的"园"。中国古代在果园的建立和管理上取得了一些很有益的经验。

果园的建立

1. 因地制宜

早在战国时，人们在栽种果树之前已开始对土壤进行观察与分类，提出了不同的土壤适宜栽培不同果树的观念；同时也注意到，地势不同，所宜栽培的果树种类也各异。反映出当时建立果园已注意到自然环境的差异，讲究适地适种，因地制宜。南北朝时，更进一步提出合理利用土地的观念。北魏著名农书《齐民要术》主张在不宜栽培大田作物的起伏不平的山岗地，可以栽培枣树。宋代农书中提到，在山坡栽培果树，应该注意坡向，并应修成梯田。这些都说明中国古代在果园建立之初已具有了较科学的理念，并取得了初步的成就。

2. 果园绿篱和防护林

在当代，绿篱指的是密植于园边、路边及各种用地边界处的树丛带。绿篱因其隔离作用和装饰美化作用，被广泛应用于公共绿地和庭院绿化中。它

丰收的果园

在古代建立果园之初就开始被使用。在古代栽种果树的园子叫"园"，栽种蔬菜的园子叫"圃"。根据文献记载，菜圃的周围通常栽植柳树作为藩篱，由此推测果园的周围也可能有藩篱。而在《三国志》中就明确记载了果园的四周以栽植榆树为绿篱。南北朝时，《齐民要术》中就有专篇讨论果园绿篱的培植，在当时用作绿篱的树种有酸枣、柳、榆等。到了明代，用作果园绿篱的树种很多，除以上几种外，还有五加皮、金樱子、枸杞、花椒、栀子、桑、木槿、野蔷薇、构树、枸橘、杨树、皂荚等。南方常绿果树预防冬季寒害的方法则在明代开始采用，这种方法主要用于纬度较高的柑橘产区。《农政全书》说："此树极畏寒，宜于西北种竹，以蔽寒风，又须常年搭棚，以护霜雪，霜降搭棚，谷雨卸却。"橘园栽竹作为防护林和冬季搭棚防冻，在某些栽橘和夏橙的地区，现仍在采用。

而在明代，人们就已注意到，林木可改变小范围内的气候，提出在果园的西、北两侧营造竹林可以遮挡北风，从而有利于减轻园中果树的冻害。可见，从那时起，防护林就已开始运用到果园的防护中。

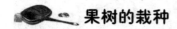

果树的栽种

古人关于果树移栽的方法，在《齐民要术》中有比较全面的论述，其后历代的典籍中也时有述及。概括起来，要点有：

1. 果树栽植的距离因树种而异。枣的栽植距离约合 5.4 米左右，李的栽植距离约合 3.8 米左右；同一树种，在不同的时代栽植距离也不尽相同。例如李的栽植距离，在汉代文献中所载约合 8 米 ×2.2 米，南北朝时《齐民要术》所载约合 3.6 米 ×3.6 米，清代《齐民四术》所载约合 2.6 米 ×2.6 米。清代文献中提出，果树的栽植距离以枝干之间互无障碍阻挡为准。

2. 栽植坑穴要适当挖得深宽一些，有利于树木的更好生长。

3. 掘取苗木时应尽量多带原土。明代农书提出最好在二十四节气中的霜降后先把土堆成一个圆垛，用绳索绕圈绑好，四周用松土填满，到第二年早春时再进行移栽，这样就可以达到多带原土的目的。

4. 苗木放入栽植的坑穴时，要保持原来的方向。

5. 苗木植入栽植穴时，要注意使根部舒展，不要有卷曲。

6. 覆土时应使苗木的根与土壤紧密接触，不留空隙。为此，可在加土之后轻轻摇动树干。对没有带上土的苗木，覆土后可将苗木向上提一提。

7. 要经常适当地修剪树苗木，以减少蒸发。

8. 覆土到最上面 3 寸时，不要夯实，以保持土壤松软，减少蒸发；移栽后，晴天每日均需浇水，经半月左右成活后，可停止浇水。

9. 栽好后，切勿再摇动树干，最好立支柱扶持，以防风吹摇动树干。总之，尽量避免使苗木受伤，则可保证移栽成活。

果树移栽的时间，对落叶果树，汉代时人们认为宜在农历正月的上半月。《齐民要术》则认为，移栽最好在农历正月，二月也可以，三月最差；总的原则是宁早勿晚，并提出可以根据当地的农候，灵活掌握移栽的适期。例如枣树以在叶芽萌发如鸡嘴状时移栽最适合。而常绿果树，则宜在天气转暖后移栽。

巧夺天工的嫁接技术

在果树和经济林木的繁育技术史上，嫁接技术具有重要意义。嫁接，是植物的人工营养繁殖方法之一，即把一种植物的枝或芽，嫁接到另一种植物的茎或根上，使接在一起的两个部分长成一个完整的植株。这属于无性繁殖，其好处是不仅结果快，而且还能保持栽培品种原有的特性。同时，还能促使变异，培育出新的品种。嫁接技术在中国最晚到战国后期就已经出现。以后，《齐民要术》对有关嫁接的原理、方法，都有比较详备的记载。

《齐民要术》在《种梨篇》里指出：嫁接的梨树结果比用种子栽种的梨树生苗要快，方法是用棠梨或杜梨作砧木，最好是在梨树幼叶刚刚露出的时候。所谓"砧木"，就是在嫁接繁殖时承受接穗的植株。砧木可以是整株果树，也可以是树体的根段或枝段，起固定、支撑接穗并与接穗愈合后形成植株生长、结果的作用。砧木是果树嫁接苗的基础。而一般所说的"接穗"，就是接上去的芽或者枝的部分。操作的时候要注意不要损伤青皮，青皮伤了接穗就会死去；还要让梨的木部对着杜梨的木部，梨的青皮靠着杜梨的青皮。这样的做法是合乎科学道理的，因为接木成活的关键就在于砧木和接穗切面上的形成层要密切吻合。按《齐民要术》中说的，就是要求彼此的木质部对着木质部，韧皮部对着韧皮部，这样两者的形成层就紧密地接合了，嫁接就可以成功了。

为了突出说明用嫁接繁育的好处，《齐民要术》还用对比的方法，介绍了果树直接用种子繁育，并指出不使用嫁接技术的果木，结实较迟，而且用种子繁育会产生不可避免的变质现象。比如一个梨虽然都有十来粒种子，但是其中只有两粒能长成梨，其余的都长成杜树。这个事实说明当时人们已经注意到用种子的繁育会严重退化，而且有性繁殖还会导致遗传分离的现象。用嫁接这样的无性繁殖方法，它的好处就是没有性状分离现象，子代的变异比较少，能够比较好地保存亲代的优良性状。

关于嫁接的方法，随着时代的推移，人们的认识也有了提高。《齐民要术》中讲到的有枝接法和根接法。元代农书中总结出了以下6种方法："一曰身接，二曰根接，三曰皮接，四曰枝接，五曰靥接，六曰搭接。""身接"近似今天的高接；今天的高接就是在已形成树冠的大树上进行的嫁接方法。果树生产中为了更换品种，在已成年的果树上换接不同品种，以代替原有品种的被称为"高接换种"。"根接"不同于今天的根接，近似低接。"靥接"就是压接。这个分法有依据不一致的缺点：有以嫁接方法分类的，如压接、搭接；有以嫁接的砧木和接穗的部位分类的，如身接、根接、枝接等。但是他叙述得既简明而又条理细致，所以仍为后来的许多农书所沿用。有些接木名词作为专门术语，今天不只是在中国，甚至在日本也还在沿用。

　　正确掌握嫁接成活的技术关键，可以看作是嫁接技术提高的一个标志。明代人已经认识到接树有3个秘诀：第一要在树皮呈绿色就是还幼嫩的时候，第二要选有节的部分，第三接穗和砧木接合部位要对好。按照这个要求来做，万无一失。它简要而又确切地说明了嫁接的年龄、部位和应该注意的事项。有节的地方分殖细胞最发达，选择这个部位是有科学根据的。

知识链接

嫁接与果树间的亲属关系

　　现在人们都知道，果树的嫁接要尽量选亲缘关系近的，也就是同科同属的为最佳，这样非但接穗容易成活，而且结出的果实也更加鲜美。其实，中国古代的劳动人民已经通过劳动实践发现了这一点。比如在嫁接梨树的砧木的选择上，《齐民要术》中提到可供利用的砧木有棠、杜、桑、枣、石榴5种。经过实践比较：用棠作砧木，结的梨果实大肉质细；杜差些；桑树最不好。至于用枣或石榴作砧木所结的梨虽属上等，但是接十株只能活一二株。可见当时对远缘嫁接亲和力比较差、成活率低这个规律，已经有了一定的认识。因为从现代农学技术上来看，我们知道梨和棠、杜是同科同属不同种，至于梨和桑、枣、石榴却分别属于不同的科。这样的认识是符合客观规律的，属于较科学的认知。

第二节
古代的果树园艺

中国古代，人们在果园土壤管理、施肥、灌溉排水等方面，积累了很多科学经验，流传到现代，成为农学管理中的宝贵财富。

 **果园的管理**

 1. 土壤管理

《齐民要术》中对于落叶果树的论述中提到，古代在果树栽植后，一般不耕翻土壤，但对锄草却相当重视，同样对常绿果树也是这样。例如《避暑录话》中便主张柑橘园中要常年耘锄，令树下寸草不生。

到了元代，人们对于土壤的利用有了更科学切实的认识。他们认为，应该在农历正月果树发芽前，在树根旁尽量又深又宽地挖土，切断主根，勿伤须根，再覆土筑实，则结果肥大，称为"骗树"。其后的典籍中也常有此记述，只是"骗"或写作"善"。这种方法在现代社会中还常有使用，辽南果农在苹果栽培中应用的"放树窠子"就是类似这种方法。

 2. 施肥

古代的果树管理中十分重视给果树施肥。《齐民要术》提到，给果树施以腐熟的粪肥，可以增进果实的风味。宋代农书中说，橘树在冬、夏施肥，可以使果树枝叶繁茂。明清时期的典籍对果园施肥有较全面的论述，指出在果

果园管理

树萌芽时不宜施肥，以免损伤新根；开花时不宜施肥，以免引起落花；坐果后宜施肥，以促进果实膨大；果实采收后宜施肥，以恢复树势；冬季应施肥，以供来年树体发育。古代果园施用的肥料主要为有机质肥料，如大粪、猪粪、河泥、米泔等。

 3. 灌溉排水

　　古籍中这方面的论述虽不多，但是内容却都比较切实可行。例如在宋代，人们发现干旱时节会使橘树生长受碍，雨水过多则会使果实开裂或果味淡薄。所以在橘园里开排水沟以防雨涝，遇旱则及时浇灌，并且指出，可结合灌溉进行施肥。虽然在明清以前果树的灌溉就已经出现，但只是生长期灌溉，而休眠期灌溉则在明代才开始，如《广东新语·木语》："当前则通灌之以俟其来春发育。"也就是通过在果树休眠期进行灌溉，以促进来年春天的发育。这种腊月前灌溉在冬春雨雪较少的北方地区和山地果园到如今仍然适用。又如《群芳谱·果谱》根据无花果需水特性指出："结果后不宜缺水，当置瓶其侧，出以细留，日夜不绝，果大如瓯。"滴灌是一种局部灌溉的方法，因为是小范围灌溉可以使水分的渗漏和损失达到最低的程度，从而节水以提高灌溉效率。这是中国出现的最早滴灌技术。清代关于水蜜桃栽植的农书中指出，桃"喜干恶湿"，在多雨地区栽培，需开排水沟，以利排水。

 果园增收技术

 1. 修剪整枝

虽然早在先秦文献中已有树木修剪的反映，但对果树的修剪整枝，史籍中却很少述及。仅明代的《农政全书》中提到，果树宜在距离地面 6～7 尺时截去主干，令其发生侧枝，使树型低矮，以便于采收。至于修剪，宋代时人们已经认识应剪去过于繁盛而又不能开花结果的枝条而促进树木长出新枝。元代，在农历正月的农事中，专门列有修剪各色果木一项，内容是剪去低小乱枝，以免耗费养分。在果树修剪技术上，明清时期已将果树修剪分为冬季修剪和夏季修剪两个时期。葡萄必须夏季修剪，这是明代提出来的，使它的果实可以承接雨露的滋养而更加肥大。明代宋诩《竹屿山房杂部》中还开始把冬剪的始期和果树的物候期联系起来，使得冬剪的始期和终期都建立在果树年生长周期的科学基础上。明清时期的文献中概括了几种应该剪去的枝条，如向下生长的"沥水条"，向里生长的"刺身条"，并列生长的"骈枝条"，杂乱生长的"兀杂条"，细长的"风枝"，以及枯朽的枝条。古代对树木进行修剪，多在落叶后的休眠期。所用工具视枝条大小而异，小枝用刀剪，大枝用斧。切忌用手折，以免伤皮损干。剪口应斜向下，以免被雨水浸渍而腐烂。

2. 疏花疏果与保花保果

南北朝时，《齐民要术》中已提出在枣树开花时，有用木棒敲击树枝，以振落花朵的做法。书中认为如果不这样做，则枣花过于繁盛，以致不能坐果。其后历代典籍中也时有记载。这一做法延续至今，现今的华北地区，仍然有在枣树开花时用竹竿击落一部分枣花的做法。《齐民要术·种枣篇》记有"嫁枣"，即在农历正月一日，用斧背杂乱敲打枣树树干。据说，不这样做的后果是枣树开花而不坐果。书中还提到在农历正月或二月间，用斧背敲打树干，则结果数量多。以后的历代农书中也常提到这种方法。用斧背敲打树干，可使树干的韧皮部受到一定的损伤，使养分向下输送受阻，从而集中供给果实

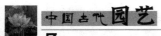

的生长发育。这种方法演化至今，就是现代果树生产中的环状剥皮技术。

知识链接

明代嫁接接式的发展

在果树嫁接技术上，尽管之前已有6种嫁接技术，生产上常用的嫁接技术基本具备，但到明代，又出现了匕头接和寄枝接两种方法。按现代术语，匕头接就是根接，寄枝接就是靠接。根接的出现，从过去相同器官之间的嫁接发展到了不同器官之间的嫁接。而靠接的出现，则为那些嫁接不易成活的植物提供了比较可靠的无性繁殖措施。

 ## 果树防霜冻与除虫

1. 防冻防霜

古籍中记有多种多样的果树防冻措施。例如《齐民要术》记载，在黄河中下游栽培石榴，每年农历十月起，需用草缠裹树干，至第二年二月除去；栽培板栗，幼龄时也要如此；栽培葡萄，每年农历十月至次年二月间，采用埋蔓防寒法。宋代时，在高纬度的寒冷地区，栽培桃、李等果树，人们创造了埋土防冻的人工匍匐形栽培法。古代史籍中记载的果园防霜的方法主要是熏烟，其次是覆盖。熏烟法的记载最早见于《齐民要术》，其后历代典籍中也有涉及。杏是一年中开花最早的果树，特别容易遭受晚霜的损害，因此，杏园在花期要注意及时应用熏烟法以防霜害。在江苏太湖洞庭东西山栽培柑橘，冬季极寒时，也要应用熏烟以防霜雪。荔枝的耐寒性次于柑橘，尤其是幼龄时，根系入土尚不深，更易遭受霜害，所以幼龄荔枝在极寒时要覆盖或熏烟以防寒。

2. 最古老的生物防治

生物防治农林植物的病虫害，是人们从生物界互相制约的现象中受到启发而创造出来的利用天敌防治害虫的方法。中国劳动人民很早就发明和运用了生物防治病虫害的方法。

早在 1000 多年前的晋代，嵇含就在《南方草木状》中记载："人以席囊贮蚁鬻（卖）于市者，其窠如薄絮囊，皆连枝叶，蚁在其中，并窠而卖。蚁赤黄色，大于常蚁。南方柑树若无此蚁，则其实（果实）皆为群蠹（害虫）所伤，无复一完者矣。"这是世界农学史上运用以虫治虫生物防治方法的最早记录。

公元 9 世纪，唐代的段成式也注意到中国南方有一种大蚁，结集于柑树的果实上，果实因而长得非常好。稍后的刘恂在《岭表异录》中写道："岭南蚁类极多，有席袋贮蚁子窠鬻于市者，蚁窠如薄絮囊，皆连枝带。有黄色，大于常蚁而脚长者。云'南中柑子树，无蚁者，实都蛀'，故人竞买之，以养柑子也。"以后元、明、清等代的许多著作也均有类似记载。

经有关专家考证，嵇含和刘恂所说的那种能防治柑树害虫的蚁是黄猄蚁。黄猄蚁能捕食 10 多种柑树害虫，对于防治柑树的病虫害，效果十分显著。而且，跟施用化学药物相比，用黄猄蚁治虫可减少落果 30% 。此法至今仍为广东、福建一些地方的果农沿用。

美国哈佛大学教授威尔逊曾说："农业史上，黄猄蚁的利用是生物防治害虫最古老、最著名的例子。"中国对这一事实的记载是最早、最翔实的，国外迟至 19 世纪后半叶才有这方面的记载。

3. 唐代害虫防治

在果树病虫害的防治方面，唐代取得了一定的成就。晚唐陆龟蒙的《蠹化》反映了当时人们对于柑橘害虫的生活史及为害状况，有了较为深刻的认识。此外，唐人对于某些果树的害虫，也采取了有效的防治措施。如《酉阳杂俎·续集·支植下》"醋心树"条说："杜师仁常赁居，庭有巨杏树。邻居老人每担水至树侧，必叹曰'此树可惜'。杜诘之，老人云：'某善知木病，此树有疾，某请治。'乃诊树一处，曰'树病醋心'。杜染指于蠹处，尝之，味若薄醋。老人持小钩披蠡，再三钩之，得一白虫如蝠。乃敷药于疮中，复戒曰：'有实自青皮时必摽之，十去八九则树活'。如其言，树益茂盛矣。"这种除虫敷药，以及摘去新实以使病树恢复生机的措施，都是科学的，表现了唐人在果树栽培技术方面取得了相当大的进步。

晋代创造的利用黄猄蚁防治柑橘害虫的生物防治法，在唐代继续推广，已从岭南扩展到云南等地区。

采收、加工与技术贮藏

古代果实的采收标准依果树的种类不同而异。例如枣，宜在果皮全部转红时采收。过早采收者，因果肉尚未生长充实，晒制成干枣，皮色黄而皱；果皮全部转红而不收，则果皮变硬。柑橘，在重阳节时，果皮尚青，为求得

采摘果实

善价，固然可以采收，但是，若要味美，应以降轻霜后再采收为宜。携李宜在果皮现出黄晕，像兰花色，并有朱砂红斑点时采摘；果皮过青者，太生，风味不好；太熟，则易落果。虽然果实的采摘标准因果树的种类而异，不过，古人也曾概括了一条总的原则：即果实应及时采收，过熟不收，则有伤树势，影响来年的结果。果实的具体采收方法，也是依果树的种类而异。例如枣，用摇落的方法；柑橘，可以用小剪。

果品的保鲜保藏主要是干制，包括直接晒干和加入如酒、蜂蜜或盐水之类再晒干之类，这在《齐民要术》中有很多记载。此外，果品还有窖藏和沙藏，如藏梨法："初霜后即收（霜多即不得经夏也）。于屋下掘作深荫坑，底无令润湿。收梨置中，无须覆盖，便得经夏"；藏生栗法："著器中，晒细沙可燥，以盆覆之，至后年二月，皆生芽而不虫者也"，是利用沙砾保温、调气的一种保鲜措施，原理与坑藏法类似。当时主要用于板栗种子的储藏，效果颇佳。

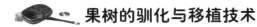

果树的驯化与移植技术

1. 中华猕猴桃的驯化栽培

唐代诗人岑参曾留下"中庭井栏上，一架猕猴桃"的诗句。从北宋《开宝本草》一书对猕猴桃的性状的描述看，"藤生著树，叶圆有毛，其实形似鸡卵大，其皮褐色，经霜始甘美可食"，岑参诗中的猕猴桃就是中华猕猴桃。中华猕猴桃不仅在唐代已有栽培，而且已经被用于制作果酒。如杜甫曾作《谢严中丞送青城山道士乳酒一瓶》诗，乳酒即猕猴桃酒，因汁液混浊，故名。中国古代的猕猴桃栽培多以观赏为主，并未广播开来，更没有形成产业。

2. 葡萄扦插繁殖技术

葡萄自西汉引入中国后，直到南北朝时期，仍用种子繁殖，至唐代始有扦插繁殖法。有关史料见于《酉阳杂俎》，该书记载："天宝中，沙门昙霄因游诸岳，至此谷（葡萄谷），得葡萄食之，又见枯蔓堪为杖，大如指，五尺余，特还本寺植之，遂活。"这说明当时已知应用葡萄藤扦插繁殖。葡萄在唐代栽培颇盛，唐以后葡萄品种明显增加，可能与扦插繁殖的广泛应用有关。

3. 对常绿果树移栽适期的认识

落叶果树的移栽适期问题在《齐民要术·栽书寸》篇中已有较全面的总结，但对于常绿果树移栽适期问题的提出，则始于唐代。《植橘喻》说："橘不可以前春种也……冬荣之木，其气外周，外周者非阳盛不可活也。"这里根据果树冬季休眠与否来确定其移栽时间，是果树栽培技术上的巨大进步。现在中国南方在柑橘产区，大多仍采用春季移栽。

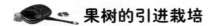

果树的引进栽培

1. 唐代引进的果树

唐代果树种植业比前代有很大发展，国内形成了特定的水果产区，苏州、越州多植橘，四川巴峡以产荔枝、陕西南郑以产枇杷闻名。柑橘、荔枝、枇杷的栽培北限与现代的经济栽培北限基本一致。与此同时，众多异域佳果也传入中国，如海枣（又称波斯枣、海棕、枣椰）产于西亚或北非，当时广东、四川等地曾有种植；扁桃（巴旦杏）产于中亚细亚，引入后栽培于新疆、甘肃、陕西等省温暖而干燥的地区；树菠萝（波罗蜜、木菠萝）原产印度和马来西亚，唐代已传入中国，主要植于云南、两广及福建等地；油橄榄，原产地中海地区，唐代已传入中国，只是种植稀少。有关海枣、扁桃、树菠萝和油橄榄传入中国的情况，主要依据唐人段成式所著的《酉阳杂俎》。阿月浑子，首见于唐开元间的《本草拾遗》，引入后集中栽培于新疆。

2. 明清时代引进的果树

由于明清时期海上交通的发展，中国从海路引进了一些新的果树种类。如亚热带地区的杧果，嘉靖十四年《广东通志初稿》中已见记载。菠萝原产于南美洲巴西，据林谦光的《台湾纪略》记载，明清之交已传入中国。番木瓜、番荔枝也是在同一时间从国外传入的。现在成为中国北方主要栽培果树的西洋苹果，则是清代后期从北美洲传入的。稍后传入中国的果树还有洋梨等。

3. 栽培品种选育与分类

果树栽培品种在明清时期也有显著的增加。例如宽皮柑橘类品种在明清文献中著录的达 74 个，几乎是明代以前著录品种数的 2 倍。不少著名地方品种也在明清时期相继选育成功，如北方莱阳茌梨和秋白梨，上海的水蜜桃，山东肥城桃等。

这一时期，由于栽培品种的增加，在品种分类方面也有新的成就，如广东果农曾把荔枝分为适应高地栽培的"山枝"和适应低地栽培的"水枝"两个品种群。"凡近水则种水枝，近山则种山枝。"黑叶、进奉、大造，"是皆水枝之贵者也"；香荔、挂绿、蕉核、将军荔"皆山枝之贵者"。这种按品种所需要的生态条件进行分类的经验，对于现代果树分类学也有参考价值。

 知识链接

猕猴桃的人工栽培

1903 年，有个在新西兰北岛西海岸旺加努伊女子学校教书的女教师伊莎·福瑞莎，利用假期到湖北宜昌去看望她的姐妹凯蒂，当时凯蒂在宜昌当福音传教士，同时也教书。1904 年 2 月伊莎·福瑞莎返回新西兰的时候，把猕猴桃的种子带回到自己的国家。然后给了该校一个学生的父亲，后者又把这些种子给了在当地养牛和种果树的农场主兄弟爱里生，爱里生将它栽培后于 1910 年结果，引起了园艺者、苗圃商们的极大兴趣，猕猴桃很快在当地传播开来。1929 年前后新西兰旺加努伊地区建立了有 14 株嫁接苗的、世界上第一个面积较大的猕猴桃栽培园。20 世纪 30 年代前期，这些园子大量结果，在当地市场上供不应求，由于售价高，栽培面积扩大很快，逐渐发展为新西兰的主要园艺产业之一。从 20 世纪 60 年代后期开始，世界上其他许多国家纷纷从新西兰进口苗木或自己育苗建园。到 20 世纪 80 年代，猕猴桃逐渐发展成为一个世界性的新兴果树产业。

第四节
中国的常见果树

 **春满桃园**

中华民族给世界文明提供了许多农作物，也提供了许多种果树林木。桃，就是其中的一种。据统计，今天生长在世界各地的桃树，约有2000多个品种。除了寒冷的南北极以外，世界各地几乎都可以发现桃树的踪迹。桃树的品种虽然众多，桃树的根却在中国。中华大地是全世界桃树的故乡，所以，桃树被称为"中华桃"。

中国古代对桃的认识和栽培利用，历史非常久远。桃的原产地是中国黄河流域。早在新石器时代，人们就采食野生的桃子。河南省新郑县峨沟北岗遗址、江苏省海安县青墩遗址、广西钦州县独料遗址、浙江省杭州市水田畈遗址和吴兴县钱山漾遗址都出土过新石器时代的桃核。至迟在夏商时期人们已经开始人工种植桃树。《夏小正·六月》就有"煮桃"的记载，夏纬瑛先生考证此桃不是野生的山桃，而是家桃，"煮之以为桃脯"。河北省藁城县台西商代遗址出土了2枚外形完整的桃核和6枚桃仁。桃核呈椭圆形，较扁，核的表面有皱纹和沟纹，顶端尖，基部扁圆，中央有果柄脱落后的疤痕。桃仁灰白色，呈椭圆形或长卵形，长10~15毫米，宽8~13毫米，横断面呈扁圆形。种皮薄，破碎后现出黄白色种仁。经鉴定，与今天的栽培种完全相同。可作为《夏小正》记载中所煮的桃是家桃的旁证。到了西周，桃树的种植就很普遍了。《诗经·周南·桃夭》："桃之夭夭，灼灼其华。"《诗经·魏风·园有桃》："园有桃，其实之殽。"殽，通"肴"，食物。说明当时已将桃树种植在果园里了。周武王伐纣凯旋后，采取了一个"放马南山，牧牛桃林"的重大举措。在这里，桃成了和平、幸福的象征，在百果中具有了特殊的文化含义。这说明，在商周时代，桃与人们生活的关系已经非常密切。桃和李、梅、杏、枣被《礼记》同列为祭祀的"五果"，因而也被作为随葬品，各地的战国和汉墓中经常发现桃核。

桃树为什么会那么早就被先民所认识和利用？因为桃林的叶很茂盛，可以遮太阳；桃子很甜美，可以解饥渴。中国古籍记载的各种果实中，桃的花最美丽，桃结果最多、最大，味道最好。中国野生的桃林很多，先民对桃很早就开始认识和利用，就是很自然的事了。中国古代先民对桃的栽培取得了许多成就，做出了许多贡献。

第一，古人经过长期驯化、培育，创造了许多新的品种，这些品种具有许多自然野桃不具备的新品质。明清时山东肥城培育出的水蜜桃个大、肉嫩、糖分高，最大的可重 500 克，用麦管插进桃子内，可以吮吸入口，就像今天饮用可口可乐一样。

第二，古人创造了多种桃子的加工技术。大批桃子成熟了，无法很快食用，于是发明了好几种办法加工保存。不能食用的烂桃、僵桃（不能成熟的桃），汉代人加工后制成节令食品。北齐贾思勰的《齐民要术》中已有用桃制

桃园春色

作果脯、果酱的记载。

第三，古代先民对桃树的全身进行了开发利用。古代医家认为，桃叶、桃树、桃花都可入药。北朝著名氏族崔氏妇女常用春雪和桃花调成洗面液洗脸，个个皮肤白嫩、面色红润。古代医家也发现了桃仁的药用价值，认为有治血带、血结之效。李时珍认为桃仁可用来治血滞、风痹、产后寒热等疾病；孟诜则说每夜食1枚桃仁，同时用桃仁研末调和蜂蜜食用，可以滋润、保护皮肤。还有桃核，即包藏桃仁的木质硬壳，本是食桃后废弃物，医家也未发现其价值，艺术家却看上它质地坚硬、形如核桃壳的特点，用来制作工艺品。

桃树春花秋实的生长规律，还被物候学家当作物候变化的指示物。中国古代除了对桃的认识、栽培、利用取得丰硕成果外，还赋予了桃树以丰富的文化内涵，创造了中国特有的桃文化。晋朝诗人陶渊明构想过美丽、和平的桃花源，寄托着古代人民对美好生活的向往。桃树结果多而美，于是，人们又把与桃树同时开花而且可以混栽的李树及其果实，用来比喻人才，以"桃李满天下"比喻育人有成，人才众多。桃枝、桃木也被神化，桃枝也有了驱邪功能。

桃树的栽培和利用，是中国古代科学的一项成就。在美丽的桃树身上，浓缩着中国古代农学、医学、工艺学、物候学等方面的成就。在所有的树木中，桃被中国先民利用得最充分、最多样。不但如此，桃还被先民赋予了丰富的文化内涵，它成为美的象征。从桃的科技成就中，可以看到中华民族具有伟大的创造力，可以看到中国古代科学中丰富的人文主义精神，可以看到中国古代科技知识与人文精神的完美的结合。

知识链接

桃树的传说

据中国古代典籍《山海经》说，夸父追赶太阳，口渴难忍，把头伸进黄河，一口气把黄河、渭河的水都喝干了，仍不解渴，最后渴死在路上。

临死前，他把手杖插在地上，这手杖在他死后变为一大片名为"邓林"的桃树林。有人考证，这片桃花林就在今河南西边与陕西接壤的地方，距黄河、渭水都不远。因为这里野生桃树很多，桃树郁郁成林，因而被称为桃原、桃林塞。夸父是新石器时代的神话人物，说明中国先民在新石器时代就开始认识和栽种桃树了。夸父虽然牺牲了，但他留下的大片桃林，艳丽的桃花象征着春天的到来，象征着先民与大自然斗争后取得的胜利。桃林，正是中华祖先与大自然作斗争的成果。

智慧苹果

中国种植苹果的历史十分悠久，古称苹果为"林檎"或"柰"。汉武帝居住的上林苑扶荔宫，种植着许多植物，其中就有林檎。林檎得名据说是在苹果成熟的时节，其味道鲜美引得飞鸟来吃的缘故。

苹果名称见于明代，在明代万历年间，王象晋编纂的《群芳谱·果谱》中就有苹果，书中说苹果产自北方，河北、山东的最好。它是用林檎嫁接，树身耸直，叶青，结的果实比林檎大，果如梨而圆滑。生的时候青色，熟则半红半白，或全红，光洁可爱，香味很远就可以闻到。没长熟的时候吃，就像棉絮，过熟又沙面不堪食，在八九分熟时吃起来最好。

中国的原生苹果特点是产量少、果实小、皮薄、味道甘美；但不耐储存，容易破损，因此在古代价格比较昂贵。从国外引进新的苹果品种后，中国本土产的苹果已经被淘汰。现在中国广为栽培的苹果大多都是从西方引进，其特点是果实大、味佳、耐储藏。最早的是

美味苹果

1871年传教士倪氏夫妇把苹果引进烟台，烟台苹果就从那时开始赫赫有名。

食用苹果对健康很有利，中医说："它味甘凉，可生津润肺，健脾开胃。"食用苹果还可以改善睡眠。据说西方著名作家大仲马，正是因为每天睡前吃一个苹果而治好了因长期过度劳累而引起的失眠症。

许多人喝苹果汁代替餐点，认为苹果汁中的营养成分能够代替午饭或晚饭，其实这种理解是错误的。苹果在压榨过程中，会使许多营养元素和大量纤维素流失；而纤维素可以清理肠胃，从而提供饱足感，更能起到健身作用，因此最好还是食用整个苹果。

苹果还可酿酒，起泡甜苹果酒是用苹果汁在封闭的容器中发酵而制成的。它的酒精度不高，在1°以下，味道鲜美，适当喝些一般不会醉人，可以作为宴会上的女性用酒。

蛇果是美国加州出产的一种苹果，又名红元帅，英文的意思是可口的红苹果。它与蛇一点关系没有。起初，此果被香港人音译为"红地厘蛇果"，后来逐步简化为"地厘蛇果"，今则以"蛇果"之名见于各地的水果摊，其实，它的营养成分和中国苹果差不多，口感不见得比中国自产苹果好，只是冠个洋名，价格就贵了许多。

 知识链接

苹果为什么被称为智慧果?

《圣经》中有一段故事：上帝创造了人类的祖先亚当，趁亚当睡着的时候，用他的一条肋骨造出了女人夏娃。并让他们成为夫妻，住进鸟语花香的伊甸园里。上帝嘱咐他们不要吃园内树上的苹果。一条蛇引诱夏娃说："那树上的果子是'智慧之果'，吃了以后人会变得聪慧无比。"夏娃受不了诱惑，偷偷吃了苹果。当然，蛇并不是完全在说谎，苹果确实让夏娃和亚当产生了更多的智慧。但是，上帝却因此把他们赶出了伊甸园，让他们的子孙世世代代受苦。因此，苹果也被称为"智慧果"和"禁果"。

红枣今昔

秋天，一走进枣园，颗颗红枣，似珍珠般挂满枝头；攀坡爬梁，山脚下，河畔上，沟里沟外，路边渠旁，远远望去，红珠绿叶，色彩浓艳，就像千万颗红宝石镶嵌在翡翠之中，随手摘来尝新，丰满肥硕的鲜枣，脆甜可口。

中国是枣树的故乡。翻开古代文献，在《诗经》、《夏小正》、《山海经》、《广志》和《尔雅》里，都有种枣的记载，说明在大约 3000 多年前，中国古代劳动人民已经把经营红枣列为重要的农事活动了。《齐民要术》中"种枣法"有专门的论述。公元前 2~1 世纪，《史记·货殖列传》里有这样一段话："安得千树枣……此其人皆与千户侯等。"这就反映了当时枣树栽培事业的兴旺，说明栽种枣树的经济价值。长沙马王堆汉墓出土文物中，有许多果品随葬，枣是其中之一。

由于我们祖先世代的辛勤培育，在不同的土壤、气候条件下，千百年来形成了丰富多彩的优良品种。《抱朴子》里记载："尧山有历枣。"《吴氏本

枣树

草》说："大枣者，名'良枣'。"《西京杂记》中记有："弱枝枣，玉门枣，西王母枣，棠枣，青花枣，赤心枣"。《齐民要术》里说："青州有乐氏枣，丰肌细核，多膏，肥美为天下第一。父老相传云，乐毅破齐时，从燕窝来所种也。齐郡西安、广饶二县，所有名枣，即是也。今世有陵枣。檬弄枣也。"

枣树分布很广，时至今日，名枣遍布中国各地，如山东、河北的金丝小枣、无核枣，山西运城的相枣，河南的灵宝圆枣，浙江的义乌大枣等，都是脍炙人口的上品。

枣树性质耐旱，能适应多种环境，干旱的山坡、阴湿的沟旁。都能栽植。野生者几乎遍及我国各地，丘陵、山谷、荒坡、林旁、梯田、庭院都能生活。优良品种的红枣，肉厚 1.2～1.5 厘米，味甜，汁中少，品质上等，干燥率为 45.9%，生食，干制，蜜饯或泡制酒枣均可。

枣是人们非常喜欢的果品之一，营养价值很高，几乎全身都是宝。它含有较多的糖、淀粉、蛋白质、多种维生素和单宁、硝酸盐、酒石酸等物质。据分析，鲜枣的含糖量达 20% 到 36%。维生素 C 的含量在水果中名列前茅，比苹果、梨、桃高 90～120 倍以上。枣不仅可生吃，还能调剂主食，代替粮食，又能加工各种副食品。用酒把枣洗到盛器里，用泥土封密，称"酒枣"，可以经过几年不至于败坏，用枣制作糕、熬茶，既能解渴，又能充饥。自古以来，枣又是最常用的一种良好药材，据《本草纲目》记载："大枣味甘无毒，主治心邪，安中养脾，平胃气，通九窍，助十二经，补少气，少经液，身中不足，大惊，四肢重，和百药，久服轻身延年。"又载："干枣润心肺、止咳、补五脏、治虚损、除肠胃癖气。"枣在中药中是一味常用的滋补药物，既有解毒、活血、健脾、补中气、生津液之功，又能和百药，做药引用。近年，又发现红枣含有可以治疗高血压症的有效成分卢丁。枣树木材坚硬，纹理细致，是造船、桥梁、家具、刻章、做木工工具的上等好料。中国最早的一部《淳化阁帖》版就是刻在枣木上。枣树花期较长，它又是很好的蜜源植物，枣花盛开季节，一群群蜜蜂飞舞花间，枣林是蜜蜂辛勤劳动酿蜜的场地。

农谚说："桃三杏四梨五年，枣树当年就还钱。"因为枣树耐旱，栽培容易成活，一般栽植两三年或者嫁接一两年就见果了，如果管理得好，百年以上的"老寿星"，照样果实累累，可谓"一年栽树，百年受益"。许多勤劳的农家非常重视栽植枣树，他们房前屋后每年收获的红枣，除自家吃以外，又是一笔可观的经济收入。希望广大农村利用春秋两季的良好时机，积极栽植枣树。

酸甜皆杏

清明时节雨纷纷。北方春日来得迟一些，依旧带些寒意。清明时节正是寒食之日，唐代规定寒食节是在冬至后第 104～106 日，这 3 天只准吃冷食，不准生火。寒食节的第三日就是清明节。

清明时节不能吃热的东西，也不能生火取暖。但寒食节并不禁酒，于是上至达官贵人下到黎民百姓，在这时节都有饮酒驱寒的习惯。

有酒而没有景色，那喝的就是闷酒。唐代诗人郑准清明时节写下"浊酒不禁云外景，碧峰犹冷寺前春"来抒发自己的遗憾。清明没有酒就难驱走寒冷，有酒没花也让人索然寡味，为此宋代魏野也在《清明》诗咏道："无花无酒过清明，兴味萧然似野僧。"

赏花饮酒是一件逍遥的事情。清明时节有什么花呢？北方天寒，桃花、李花在那个时节开得很少，只有杏花花期早，此时已开满枝头。杏花就成了清明时节文人墨客最喜欢观赏的花。唐朝诗人来鹄在寒食之日喝完酒，赏完妩媚万分的杏花后，带着酒意回到船上写下一首诗："几宿春山逐陆郎，清明时节好烟光。归穿细荇船头滑，醉踏残花屐齿香。"诗中描述杏花飘香，连诗人鞋上都余留着花香。无怪杜牧写道："借问酒家何处有，牧童遥指杏花村。"杏花村是个美丽的地方，有那令人忘忧愁的酒，也有那亮艳含香的杏花。

唐朝后，酒与杏花就有了密切的联系，常常出现在诗人的诗句中。明代唐寅写道："红杏梢头挂酒旗，绿杨枝上转黄鹂。鸟声花影留人住，不赏东风也是痴。"酒香、花香不知迷倒了多少诗人。

杏花娇艳妩媚，宛若羞答答的少女。杏花之神阮文姬（也有人说杏花之神是杨玉环）把杏花插在发髻上，非常的艳丽，陶溥看见阮文姬的妆扮后，直谓："人面和花色，恰似双艳。"人们把农历二月称为杏月。

春雨簌簌，果园里的桃子、李子还泛着青色，杏树上的杏子却已成了

金太阳杏

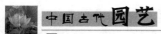
金黄色，一个个把枝头缀满。那酸酸甜甜的气味随风飘荡，人闻到后，口中不由得涌出唾液来。桃花开，杏花败；李子开花，杏下来。杏可是春天里北方人们最早吃到的水果。

杏品种繁多，大的宛若鸡蛋，小的形似荔枝。颜色也多样，有杏黄、橙红、白等各种颜色。杏子形状美丽，人们称女子的美目为"杏眼"，《红楼梦》中王熙凤就长了一对杏眼。

农历五月，杏园里飘荡着杏子的清香，这里是唐代文人向往的场所。唐代文人考中进士后，皇上要在杏园摆下宴席，款待这些才子们。有幸荣享杏园宴的皇家恩典，已成为唐朝所有文人心头的梦想。

杏子除了直接鲜食外，还被大量制成杏干和杏脯。

杏子核里的杏仁也受到人们喜爱。杏仁分两种，甜杏仁和苦杏仁。苦的一般入药，可以止咳平喘，但一次只能食用少量，食用过量会造成中毒。甜杏仁是人们常见的零食。多吃杏仁对身体很有益，杏仁含有丰富的不饱和脂肪酸，有降低胆固醇的作用。因此，杏仁对防治心血管系统疾病也有良好的作用。

知识链接

誉满杏林的故事

董奉是三国时期吴国的名医。他常年隐居在庐山南麓，经常为附近的百姓诊病疗疾。但他治病不要钱，如果一个重病患者好了以后，就让他在山坡上栽种 5 棵杏树；轻病患者好了以后，栽种 1 棵杏树。10 年之后，庐山一带的杏树已经有十几万棵。后来，董奉就在山上搭建一个茅草仓库。每到 4 月杏子飘香的时候，如果有人想要取山里的杏子，就往仓库倒多少容量的粮食。董奉把换来的粮食用来赈济庐山周围的贫苦百姓和南来北往的饥民。一年内救助百姓的粮食达 2 万余斛。董奉的行为赢得百姓们敬仰，在他去世后，人们就在杏林中设坛祭祀这位仁慈的医生。由此以来，杏林就成了良医的代名词。

🥄 中秋葡萄

中秋佳节，正是葡萄采收季节，当你踏入碧绿的葡萄园，就会看到枝叶浓密的满架葡萄，有碧玉色的，有紫红色的，有乳白色的……一嘟噜一嘟噜，宛如珍珠玛瑙，真是"亭亭座座珍珠塔，层层叠叠翡翠楼"。葡萄园里，散发着阵阵诱人的清香，使人迷醉，随手摘来，尝尝新鲜，不仅味美可口，而且爽快异常。难怪诗人留下了"葡萄美酒夜光杯"的绝句。

说起葡萄，历史很是悠久，根据古生物学资料，数百万年前，葡萄已遍布欧、亚大陆的北部和北美洲一带。随着大陆分离和冰川时代的来临，葡萄属的自然分布被隔离。欧洲和西亚，因冰川袭击，大部分已绝迹，只存留一个种，即欧亚种，在东亚和北美，因冰川影响较小，保留的种较多。

中国栽培欧亚种葡萄，始于 2000 年前，西汉时，张骞出使西域引回，据《齐民要术》载："汉武帝使张骞至大宛，取葡萄实，于离宫别馆尽种之。"所谓西域，汉朝时专指天山南麓，昆仑山北，葱岭以东广漠的塔里木盆地上

饱满的葡萄

的 36 个小国。从现在的区域划分来看，山域的大部分地方当位于中国新疆境内，葡萄从唐代以来大量种植，经过中国劳动人民长期培育，现已发展到三四百个品种，《广志》说："葡萄有黄、白、黑三种者也。"常见的品种有玫瑰香，白羽，白丰，鸡心，牛奶，季米亚特，巴米特，佳利酿，无核白，水晶子等。其中新疆所产的无核葡萄干闻名中外。

葡萄属于葡萄科落叶木质藤本植物，卷须分枝，多用压条栽培繁殖，葡萄的适应性很强，到处都可以"安家落户"。无核白也叫无籽露，属欧亚种，原产中亚细亚，主产伊朗、土耳其、阿富汗、叙利亚等国家，是中国新疆地区的主栽品种，它枝嫩淡绿色、毛茸较多，卷须间隔，两性花，叶片五裂，叶面有光泽，叶脉突出，果实成熟后黄绿色，半透明，果肉浅绿色，肉脆、味甜、汁中多，无种子，品质上等，为生食和干制种，含糖量 22.4%，含酸量 0.4%，成干率 20%～30%。

葡萄是人们非常喜爱的食品，汁多味甜，营养丰富，含糖量在 15%～30% 之间，其中葡萄糖含量最多。此外，还含有多种维生素，胡萝卜素，矿物质及十几种氨基酸，据测定，一千克葡萄含维生素 C 约 40 毫克。葡萄用途极广；鲜葡萄是上等水果，葡萄汁是最好的饮料，味道鲜美，可强壮身体，葡萄是高级果干，便于贮藏，葡萄皮是酿酒的好原料，葡萄酒清香可口，葡萄种子含有脂肪，可提炼高级食用油和润滑油，制酒后的葡萄残渣，可以制成高效肥料。

葡萄除食用外，还可入药，李时珍的《本草纲目》说："葡萄主治筋骨湿痹，益气，倍力强志，令人肥健，耐饥，忍风寒，久食轻身，不老，延年，可作酒，逐水，利小便。"葡萄是很好的滋养品，多吃葡萄有助于补脑养神，还可治疗神经衰弱。

霜林红柿

仲秋，柿子树上的柿子个个红艳可爱，谚语说："七月小枣八月梨，九月柿子上满集。"陕西关中的人们多植柿树，在这个季节里把柿子采摘下来，放在缸里闷制（里面放梨可以加快成熟），几天后柿子就变软。一个个晶莹剔透，红若玛瑙，甜如蜜糖。还有一种硬柿子，它是在水缸里放入凉温的开水，再拌入草木灰，放入青柿子，覆盖高粱叶子保温，再密封缸子，泡制一天而成；吃起来清脆可口，别有一番滋味。

在农村，人们用熟好的柿子去皮、去蒂，然后拌上面粉，和成面团。和好的面团呈橘红色，十分好看，把面团分成许多小块，再把小块面擀成饼子，用油把饼子烙熟。这就是人们特别喜欢吃的柿子饼。它颜色棕红可爱，十分香甜可口。

柿子在中国种植时间很久，2000多年前的《说文解字》就记载，"柿，赤实果也"，开始只是在庭院种植，由于在中国帝王权贵的心目中，柿子的金黄色显示高贵，因此常被用于庄严之所。在陵寝、宗庙等地方大面积栽培，形成大片的柿子林。魏收编纂的《魏书·太祖本纪》里有记载"营梓宫，木柿尽生成林"（梓宫指陵墓）。

柿子含糖量很高，加工成柿饼，能储存很长时间，可以在灾荒之年代粮充饥。为此古人云："五谷不登，百姓倚柿而生。"因此柿子被誉为"木本粮食"。

人们常说入霜的柿子才甜，金秋时节不仅入霜的柿子红彤彤，它的叶子也被霜染红，就如燃烧的火焰，呈现一片"万山红遍，层林尽染"的迷人画卷。《西厢记》中一个很有名的句子就是："碧云天，黄花地，西风紧，北雁

柿子

南飞。晓来谁染霜林醉？总是离人泪。"据张玉祥先生考证，它指的蒲州城外深秋经霜变红的柿树林，并且《永济县志》记载"霜林红叶"在 1500 年前就已经成为当地著名的景致。

经霜的柿叶红且大，唐代段成氏在《酉阳杂俎》中就说："落叶肥大可以临书。"唐代的郑虔家境贫寒，他用柿叶代纸写诗，苦读数年，最终考中进士。

在民间，柿子象征着丰盛与吉祥。过年的时候，人们有吃柿饼的习俗，取"事事如意"之谐音，表示吉利。人们还把柿饼赠送给新婚夫妇，作为"永结同心""白头偕老""万事如意"的祝福。

柿饼甜的原因在于它上面有一层白色的柿子霜。它性质甘甜，能润肺止咳，还可治小儿嘴上生疮。

柿子味美，但吃的时候要注意：（1）不要空腹吃柿子；（2）不要和酸性食物一起吃；（3）一次不要吃得太多。因为柿子含有大量的鞣酸，鞣酸在胃内经胃酸的作用，就会沉淀凝结成块留在胃中，形成"胃柿结石"，引起腹胀腹痛，严重的会引发胃穿孔。

知识链接

黄桂柿子饼的故事

西安有一种黄桂柿子饼特别有名，它的馅是用黄桂、桃仁、青红丝等调配而成，是西安著名的小吃之一。关于它的来历有如下一个传说。

1664 年正月，李自成在西安称王，定国号大顺，建元永昌，改西安为西京。随后率军东渡黄河，进军山西，在临行时，由于关中连年灾荒，李自成部队粮食短缺，临潼县附近的老百姓就用熟透了的火晶柿子拌上面粉，包上馅，烙成柿子面饼让义军兵士带些在路上当干粮吃。由于这种柿子面饼味道甜美可口，食后耐饥，很受义军将士们的称道。为了纪念李自成和义军，每年柿子成熟时，临潼百姓家家户户都要烙些柿子面饼吃，日子久了就演变成了今天的黄桂柿子饼。

梨园春雪

　　金色的秋天，千姿百态的梨树上，缀满了金黄色的果实。果农们踩着云梯收果，个个汗流浃背，满面春风。林梢鸟雀飞舞，歌唱，好像在报告丰收的喜讯。早晨虽有寒意，却有一种春满梨园的景象。

　　中国梨树资源极其丰富，是久种广植的栽培果树之一，已有 2000 多年的历史。《诗经》里提到的 20 种果树，《礼记》里记载的 14 种果树中都有梨树。到了汉初，中国梨树栽培技术就有了较大的发展，据考证当时已对梨树采用嫁接技术，这充分说明了劳动人民的无穷智慧。

　　梨在植物学上，属于蔷薇科，梨属。共约 35 种。原产于中国的即有 13 种之多。《西京杂记》里记有"紫梨、芳梨、青梨、大谷梨、细叶梨、紫条梨、瀚海梨、东王梨。"真是品种繁多，琳琅满目，丰富多彩。梨树的适应性较广，抗逆力较强，不论山地、平原、滩地，还是海滨都有分布。全国梨树分布星罗棋布，范围广泛，大体分北部，张家口以北地区的寒地梨区，向南是最大的华北梨区，长江中下游的华中梨区，南部为热带亚热带梨区，辽阔的西北梨区、西南梨区，还有青藏高原梨区。

　　梨营养价值很高，含有丰富的维生素。据测定，一千克梨含维生素 C 约 30 毫克，还含有铁、钙、磷等物质。梨还可以做梨酒、梨脯、梨罐头等，梨的加工制品也有大量出口，深受国际市场欢迎。

　　梨还能入药。梨性甘寒，肺经所悦，熟滋脏阴，生清肺热。消痰降火，治热咳痰喘，生者清六腑之热，熟者滋五脏之阴。李时珍的《本草纲目》说"梨能润肺，凉心，消痰降火，解疮毒酒毒等。"中国民间用梨治病的历史很久，一般咳嗽不止，可用鲜梨一个，去皮，剖开去核，把川贝母二钱，研末，白糖一两纳入合起放在磁器内加水蒸或煮服食有效。治痢疾后便血，可用鲜梨一个，鲜椿树根皮两条，像筷子大。

春满梨园

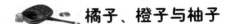 橘子、橙子与柚子

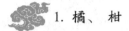 1. 橘、柑

宣昌多种橘树。暖春时节，橘花开放，其色洁白，郁郁芳香。初夏橘树长出小小橘子来，有的就如拇指大，精致灵巧，特别惹人喜爱。初霜刚染红秋叶的时候，橘子成熟了，橙红色的果子掩映在绿叶间。唐朝诗人张彤为此写道："凌霜远涉太湖深，双卷朱旗望橘林。树树笼烟疑带火，山山照日似悬金。"

橘子味美多汁，酸甜可口，自古就受到人们喜爱。南宋诗人叶适颇知柑橘的独特风味，写出了"蜜满房中金作皮，人家短日挂疏篱"的诗句，让人亲身体味了那种垂涎欲滴的感觉。柑与橘在植物分类上属于很相近的一类，它们的共同点就是皮十分容易剥离。柑类，比如说芦柑，味道比较甜些，形状稍扁；橘没有柑那么扁，一般都有一些酸味。

中国种植柑橘树历史悠久，早在西周时期，橘子就被列为王室重要的贡品。春秋战国时楚国多植橘树，楚地广阔，橘树遍布其地。楚国大文学家屈原曾作《橘颂》，其中写道："后皇嘉树，橘徕服兮。受命不迁，生南国兮。"其意思是："天地孕育的四季常绿橘树，天生就适合生长在这方水土。天地赐命你永不迁徙，你永生在南楚。"屈原在这首楚辞里明为再三赞颂橘树的美丽，其实是为了抒发自己爱国的情怀，还有那不凡的志趣。

张九龄曾为唐玄宗的丞相，由于他为官清正，敢于直言指出官员劣迹，被口蜜腹剑的李林甫忌恨。李林甫献谗言，致使张九龄被贬为荆州长史。在荆州，他看到过冬不凋的橘树，想起屈原的《橘颂》，于是写下了一首五言律诗，其中写道："江南有丹橘，经冬犹绿林。岂伊地气暖，自有岁寒心。可以荐嘉客，奈何阻重深。"在这首诗中，诗人说道："南国的橘树，冬天依然绿树葱葱，南方天气温暖，但它的心依然是冰清玉洁。可以把橘子送给远方的客人，但是道路险阻，难以送到。"表达了他坚贞不屈，不与权奸同流合污的优秀品质，同时又流露出自己怀才不遇、不被重用的悲愤情绪。

古人很重视橘树，《襄阳记》记载：汉襄阳太守李衡在武陵沙洲上种植了上千棵，临终时候他告诉儿子说："我在沙洲上种植了千棵橘树，就算我不给你留下任何遗产，它也足够你富足一时。"

南北朝时期还出现专门种植橘树的农户，称为"橘籍"。南朝梁任昉在《述异记》说："越多橘袖，岁多橘税，谓之橙橘户，亦曰橘籍。"橘籍产生在吴越之地，它是专门种植橘园的农户，每年向政府上缴不菲的特产税——橘税，故当时被称为"橘籍"。

橘园在南方往往是财富的象征，直到近代，南方仍有不少地方的大户在嫁女时正把橘园作为陪嫁的资产，而无橘园的穷人家也要带上一些橘树苗。

橘的俗体字"桔"，木旁有个吉字，且桔与"吉"的字音相近。它在民间就有"吉祥如意""吉庆平安"之寓意。每逢春节，人们特意用橘、柏枝、柿果做成拼盘，意为"百（柏）事（柿）大吉（桔）"。人们在新年时还把金橘盆景置于案头，以之象征吉祥如意，预兆一年顺遂。民间还认为，"金橘"兆发财，"四季橘"祝四季平安，"朱砂红橘"挂在床前，可祈吉星拱照。

 2. 橙子

橙子和柑橘是近亲，形状比较圆些，皮较难剥，果肉呈淡黄色。橙子味道一般比较酸。有些北方人橙子和橘子分不清，看到橙子也叫橘子，它们虽然相近，但还是有区别的。

橙子味美多受文人的追捧，人们常用橘绿橙黄来比喻美好的时光。橙子成熟之时还

可口的橙子

是菊花飘香的季节，为此宋代韩元吉在词中写道："菊美橙香还封酒。欢情似、那时重九。楼上清风，溪头明月，不道沈郎消瘦。"鲜美橙子加上美酒，还有那美丽景色，让人痴醉在此，人怎能不消瘦呢？

最初古人是橘橙不分，到了南北朝时期人们才区分了橘子和橙子。19世纪末的时候，中国橙子被引入美国，于是有了著名的佛州甜橙。

橙子富含维生素 C，是不错的美容食品。橙子汁在美国是重要的农业期货产品，它的价格直接影响着美国饮料行业的收益。

 3. 柚子

柚子同样是橘子的近亲，柚子个头很大，皮厚，瓤白而晶莹。有的品种

的柚子一个可以有好几斤重，柚子上的丝络苦味很重，吃的时候得要去除干净。柚子气味清香，味道酸甜，带着一股凉润，深受人们的喜爱。

柚子在每年的农历八月十五左右成熟，皮厚十分耐储藏，一般可以存放3个月而不失香味。柚子外形浑圆，象征团圆之意，故此它还被俗称为"团圆果"，是中秋节的应景水果。

柚子在中国种植的历史很悠久，远在公元前的周秦时代就有种植。由于它和橘子、橙子区别比较大，所以它没像橘和橙那样被混淆，常常和橘子作为南方献给王室的供品。把它和橘子并称在一起，汉代古乐府上就有"橘柚垂华"。《吕氏春秋》上说："果之美者，云梦之柚（云梦指的是现在的洞庭湖，古人称它为云梦泽）。"《列子·汤问》说："江南有一种大果树，它名字叫柚，它在冬天依然碧绿，味道酸甜，食其皮上汁水，可以治疗愤气郁结造成的痉挛昏厥。"

中医认为："柚子味甘、酸，性寒，有健胃化食、下气消痰等功用。"它也富含维生素C，和橙一样有着健身美容的功效。柚子受到人们推崇，重要的是柚子的"柚"和庇佑的"佑"同音，柚子即佑子，有着吉祥的含义。在南方一些地方，如果人家有孩子，送礼就送柚子，以求孩子平安有福。

知识链接

陆绩怀橘的典故

在古时能吃到甜美的橘子，对于穷人是一件难事。东汉末年，江南的陆绩刚刚6岁，其家贫困，有一次参加了袁术的宴会，宴会上呈上刚刚采摘的橘子，陆绩偷偷藏了3枚橘子在怀里。在辞别袁术的时候，怀里橘子掉落在地上。袁术说："陆郎作为宾客怎么怀里还藏着橘子？"陆绩跪倒在地说："我打算回家把它给母亲吃。"袁术赞叹他孝顺，赏赐了不少东西给他。

唐代诗人岑参送朋友回家拜望家人时写道："送尔姑苏客，沧波秋正凉。橘怀三个去，桂折一枝将。"岑参就用到了"陆绩怀橘"的典故，表达人们对母亲的思念。如今人们多用此来夸奖孝顺的儿女。

奇异之果

　　近年来，人们经常可以在市场上看到猕猴桃，它果实呈卵形或球形，褐绿色果皮，果肉碧绿，质地细腻，细嫩多汁，吃起来酸甜可口，满口芳香。它还有一个名称是"奇异果"，这个名字来自新西兰，许多人就以为猕猴桃来自国外，其实它的故乡就是中国。

　　早在2000多年前，《诗经·桧风》里就记述河南的密县一带有猕猴桃。猕猴桃古称苌（音长）楚，诗中唱道：

　　隰有苌楚，猗傩其枝。夭之沃沃，乐子之无知。

　　隰有苌楚，猗傩其华。夭之沃沃，乐子之无家。

　　隰有苌楚，猗傩其实。夭之沃沃，乐子之无室。

　　翻译成现代文意思就是：

　　洼地上长着猕猴桃，微风里摇曳着枝条。

　　袅娜的姿态多可爱，真羡慕你没有烦恼。

　　洼地上长着猕猴桃，花和春光一样美好。

　　姿态娇柔多么可爱，真羡慕你无家自在。

　　洼地上长着猕猴桃，树梢上已果实累累。

　　芳香宜人多么可爱，真羡慕你没有爱来牵挂。

　　除了《诗经》外，《尔雅·释草》中提到的苌楚，东晋郭璞为把它注解为"羊桃"。现在湖北和川东一些地方的百姓仍管它叫羊桃。猕猴桃这个名称出现得比较晚，但至少唐代已有其名，唐朝诗人岑参写诗道："中庭井阑上，一架猕猴桃。"猕猴桃得名于它常被猴子所食有关。《本草衍义》就记载："猕猴桃，今永兴军（在今陕西）南山甚多，食之解实热……十月烂熟，

猕猴桃

色淡绿，生则极酸，子繁细，其色如芥子，枝条柔弱，高二三丈，多附木而生，浅山傍道则有存者，深山则多为猴所食。"李时珍在《本草纲目》中猕猴桃条目中也说："其形如梨，其色如桃，而猕猴喜食，故有诸名。"

中国食用猕猴桃的时间也很悠久，闻名遐迩的青城山洞天乳酒，是青城山道士用猕猴桃酿制而成的，据说已有1500多年的历史。杜甫在成都草堂寓居的时候，朋友就送了一瓶乳酒，他感到味道醇香回味悠长，就写下"山瓶乳酒下青云，气味浓香幸见分"的诗句。南宋词人辛弃疾也喜欢上猕猴桃酿造的酒，为此写道："忆醉三山芳树下，几曾风韵忘怀。黄金颜色五花开，味如庐橘熟，贵似荔枝来。闻道商山馀四老，橘中自酿秋醅。试呼名品细推排，重重香肺腑，偏执圣贤杯。"

猕猴桃还有着很好的药用价值，中医书认为它具有滋补强身、清热利尿、健胃、润燥之功。

现在为了方便储存，往往在没有成熟的时候就把它采摘下来。所以刚买回来的一般还没有成熟，酸涩不能食用。得把它放进密闭的袋子里，放进一两个梨子催熟，过段时间就可以食用了。

第四章

精耕细作的蔬菜园艺

　　蔬菜园艺是研究蔬菜分类、生长发育规律、繁育方法、栽培管理及产品处理的科学。中国是一个文明古国,约在四五千年前就有蔬菜栽培,蔬菜资源非常丰富,仅目前栽培的就有100余种,其中普遍栽培的有50～60种,主要是一年生、二年生及多年生的草本植物。在中国漫长而辉煌的历史进程中,勤劳智慧的劳动人民通过自己的经验,栽培了许多蔬菜品种,创造和改进了许多的蔬菜园艺技术,在世界园艺史上占有着重要的地位。

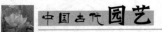

第一节
历史悠久的蔬菜园艺技术

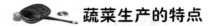 **蔬菜生产的特点**

　　蔬菜生产在中国有悠久的历史。西安半坡新石器时代遗址出土谷粒的同时，还发现在一个陶罐里，保留有芥菜或白菜一类的菜籽。据测试，时间大约在6000年以前。到了周代，蔬菜栽培已经相当发达了。《诗经》里对蔬菜生产已经有所描述，如《豳风·七月》篇中"七月食瓜，八月断壶（瓠）"，"九月筑场圃，十月纳禾稼"。春秋战国时期，随着城镇的发展，农（大田作物）圃（蔬菜作物）分工，园圃种蔬菜已经成了专业。

　　合理利用时间空间，提高土地利用率，在蔬菜生产上有重要意义。6世纪的《齐民要术》里就说到，一年里葵可以种3次，韭收割不过5回，反映了在一块土地上连续播种收获同一种蔬菜的情况。至于说到在瓜区中间种薤或小豆，葱里杂种胡菜，反映出当时在蔬菜栽培上已经出现了套种。《齐民要术·杂说》中还有一个说明蔬菜生产中种类繁多的例子：如果靠近城镇，务须多种些瓜、果、茄子等，这样既可供给家用，多余的还可出卖。假如有十亩地，选出其中最肥的五亩，用二亩半种葱，其余的二亩半种杂菜。用这二亩半地，分别在二、四、六、七、八月，种上瓜、萝卜、葵、莴苣、蔓菁、白豆、小豆、茄子近10种蔬菜。这样频繁的栽种，反映出当时蔬菜种植的技艺水平已经相当高了。到了宋代，孟元老在《东京梦华录》里描述当时开封近郊蔬菜种植的盛况说："大抵都城左近，皆是园圃，百里之内，并无闲地。"皇家有专用的菜园，除了平时供应，还要在"立冬前五日，西御园进冬菜"，"充一冬食用。"

　　为了保证蔬菜丰产和周年均衡供应，就要求注意品种搭配，在茬口的安排上力求衔接，做到合理轮茬。中国农业生产有精耕细作的传统，劳动人民又培育出丰富多样的品种，这样就能够把多种蔬菜组织到一定的栽培制度中去。人们有时用"园耕"或"园田化"来描述中国的农业，就是因为蔬菜生产比较集中地体现了精耕细作的特点。

丰富多彩的蔬菜品种

中国的蔬菜种类繁多，品种丰富，总数大约 160 种，其中常见的 100 种左右。在这 100 种蔬菜中，中国原产的和引入的大约各占一半。中国原产的蔬菜，最早的记载见于《诗经》，有瓜、瓠、韭、葵、菲（蔓菁）、荷、芹、薇等 10 多种。但是哪些是栽种的，哪些是野生的，有些现在难以做出确切的判断。据北魏贾思勰《齐民要术》记述，黄河流域各地栽种的蔬菜有瓜、冬瓜、越瓜、胡瓜、茄子、葵、蔓菁、芦菔、葱、韭、芥子、胡荽以至苜蓿等 31 种。其中现在仍在栽种的有 21 种，余下的已经从菜圃中退出或转为他用。在现有的 21 种中，经过历代劳动人民的精心培育，如菘（白菜）、芦菔（萝卜）已经成为主要的蔬菜，芥因为适应多种用途而有了许多变种。

白菜古称菘。因为它栽培普遍，并且能四时供应，久吃不厌，深受人们喜爱。白菜中以北方的包心大白菜最有名。鲁迅说过："北京的白菜运往浙江，便用红头绳系住菜根，倒挂在水果店头，尊为'胶菜'"。过去长江以南江浙一带，主要栽种不包心的小白菜；大白菜比较罕见，所以名贵。晋代以前，北方的古书里没有关于白菜的明确记载。南北朝时期，文献中有关的记载才多起来。菘在栽培过程中，经历了散叶类型、半结球类型，最后才成为叶球坚实的结球类型，也就是包心紧凑的大白菜。这几种类型现在都还有栽种。清《顺天府志》产品录有关于结球白菜的确切记载。经过精心培育，现在华北地区已经有了 500 多个地方品种，有些又引种到南方，栽培上也得到了良好的成果。

萝卜古称菜或称芦菔、莱菔。中国是萝卜的原产地之一。最早的记载见于《尔雅》。唐代苏恭在《新修本草》中说："江北、河北、秦、晋最多，登莱亦好。"宋代已经"南北通有"，"河朔极有大者，而江南安州、洪州、信阳者甚大，重至五六斤，或近一秤，亦一时种莳之力也。"由于中国萝卜栽培时间长，种植地域广，所以有世界上类型最多的品种。如有一二两重的四季

丰富的蔬菜

萝卜，也有一二十斤重的大萝卜，有适于生吃色味俱佳的"心里美"，也有供加工腌制的"露八分"等。

芥菜是中国特产的蔬菜之一，有利用根、茎、叶的许多变种。野生芥菜原产于中国，最初只是用它的种子来调味。李时珍在《本草纲目》里说，除了辛辣可以入药的，还有可以食叶的如马芥、石芥、紫芥、花芥等。现在叶用的有雪里蕻、大叶芥等；茎用的变种有著名的四川榨菜；根用的变种有浙江的大头菜等。这是中国劳动人民在改造植物习性上的一项重大成就。

除了驯化培育，中国还从很早就不断引进外来蔬菜，经过精心培育，逐渐改变了它们的习性，适应中国的风土特点，创造出许多新的、优良的类型和品种。如黄瓜，原来瓜小、肉薄，经过改进，不仅瓜型品质有了提高，而且还育成了适应不同季节和气候条件的新品种，从春到秋都可以栽种。原产于印度的茄子，原始类型只有鸡蛋大小，而在中国很早就育成了长达七寸到一尺的长茄，重到几斤的大圆茄。华北的紫黑色大圆茄已经引种到许多国家。

辣椒原产美洲，后来经由欧洲传入中国，不过三四百年时间，但是我们已经有了世界上最丰富的辣椒品种。除了长辣椒，还育成了许多类型的甜椒，其中北京的柿子椒已经引种到美国，命名为"中国巨人"。国外的许多甜椒品种，就是在它的基础上选育出来的。

形式多样的蔬菜栽培技术

黄河中下游是中国早期农业的基地之一，在这冬季寒冷干燥而又漫长的地区，自古能够做到周年均衡供应新鲜蔬菜，的确很不容易。为了争取多收早获，中国蔬菜生产除了露天栽培外，历代劳动人民还在生产实践中创造了保护地栽培、软化栽培、假植栽培等多种形式。像风障、阳畦、暖窖、温床以及温室等，到现在仍在沿用。

利用保护地栽培蔬菜，世界上当以中国为最早，至迟在西汉已经开始。《盐铁论·散不足第二十九》描写当时富人的生活享受有"冬葵温韭"，温韭就是经过加温培育的韭菜。《汉书·循吏传》说得更加具体，"太官园种冬生葱韭菜茹，覆以屋庑，昼夜燃蕴火，待温气乃生。"形象地描述了当时的宫廷为了在冬季培育葱韭菜蔬，盖了屋宇，昼夜不停地加温来生产的实况。根据传说，秦始皇的时候，在骊山已经能够利用温泉在冬季栽培出喜温的瓜类。到了唐代，对利用温泉的热能栽培蔬菜，就有了比较确切的记载。这从王建的诗"内园分得温汤水，二月中旬已进瓜"中可窥知一二。

元代《王祯农书》中，对利用阳畦生产韭菜有精确的记载："又有就阳畦内，冬月以马粪覆之，于迎风处随畦以蜀黍篱障之，用遮北风，至春其芽早出，长可二三寸，则割而易之，以为尝新韭。"这是说北方的菜农，在冬天作成阳畦，利用马粪来发热壅培旧韭菜根，在早春时节取得新韭。用阳畦生产比温室更加经济，产品就可以供"城府士庶之家，造为馔食"了。

由阳畦、温室供应的蔬菜，在品种和数量上终归有限。冬季每天吃贮藏的萝卜、白菜，也显有些单调。于是就有了更加简便的用软化栽培生产的黄化蔬菜。最早的记载见于宋代林洪《山家清供》中的《鹅黄豆生》一节，说的就是用黑大豆做豆芽菜，因为它"色浅黄名为鹅黄豆生"。豆芽菜是中国劳动人民的独特创造，它是使种子经过不见日光的黄化处理发芽做成的。黄豆、绿豆和豌豆都可以用来生芽。它不但清脆可口，而且营养丰富，所以深受广大人民群众的喜爱。

黄化蔬菜，不限于豆芽菜一类，韭、葱、蒜以至芹菜的秧苗都可以作黄化处理，其中韭黄一直受人珍视。宋代苏轼已经有"青蒿黄韭试春盘"的诗句。孟元老在《东京梦华录》里，也说到当时开封在12月里，街头也有韭黄卖，可见韭黄至迟在北宋时代已经有了。关于温室囤韭黄的技术，《王祯农书》里讲得比较具体："至今移根藏于屋荫中，培以马粪，暖而即生，高可尺许，不见风日，其叶嫩黄，谓之韭黄。"

鲜菜贮藏除了常用的窖藏、埋藏外，还可以用假植栽培的方法。《齐民要术》卷九里说：9～10月中，在墙南边太阳可以晒到的阳处，挖一个四五尺深的坑，把各种菜一种一种的分别放在坑里，一行菜，一行土，到离坎一尺左右时就停止，上边厚厚的盖上秸秆，这样就可以过冬，要用就去取，和夏天的菜一样新鲜。这是利用类似阳畦的设施，来贮藏保存像芹菜、油菜、莴苣一类蔬菜。

知识链接

被遗忘的菜中之王——葵

在古代菜蔬中，葵的处境可能是最惨的了。葵在古代即为重要的蔬用植物，曾被称为"百菜之主"。唐以后种植渐少，明代已很少种它，少有人知。本来是中国的主要蔬菜，在《诗经》和各类古诗集中常常见到"葵"。我们中学古诗还有"青青园中葵，朝露待日晞"汉乐府中关于葵的诗句比比皆是。后魏《齐民要术》以《种葵》列为蔬菜第一篇。"采葵莫伤根"，"松下清斋折露葵"，时时见于篇咏。唐白居易《烹葵》诗中说："绿英滑且肥"，就是说它烧熟后黏滑的特性。元代王祯的《农书》还称葵为"百菜之主"。然而，明代的《本草纲目》中已经将它列入草类！葵的败落可能是因为后来全国普遍种植了大白菜。大白菜取代了葵，成为"百菜之王"了。甚至葵这个名字都被别人夺去，大家都知道葵花，而不知葵为何物了。其实，葵就是现在的冬苋菜，南方还常用来做羹的，味道非常不错。

第二节
古代蔬菜栽培技术

中国农业生产有精耕细作的传统，劳动人民培育出了丰富多样的品种。几千年来中国劳动人民又在蔬菜栽培技术方面积累了丰富的经验。大田作物的一套传统的精耕细作方法，有不少是首先在蔬菜栽培中创造出来的。

 南北朝及其以前时期的蔬菜栽培技术

北魏著名的农学著作《齐民要术》共90篇，其中有15篇专门记述蔬菜栽培技术，共介绍了当时黄河中下游栽培的31种蔬菜，从选地到收获、贮藏、加工作了较全面的论述。

1. 土壤选择与耕作

当时栽培蔬菜十分注意土壤的选择，一般都选用较肥沃的土壤。如种葵（冬苋菜）和蔓菁（芜菁）要选择"良地"，芜荽宜选用"黑软青沙地"，大蒜宜选"良软地"，薤宜选"白软地"等。菜地要求熟耕。不过也常根据具体情况灵活掌握，比如：当芜荽连续耕作时，如果前茬地肥沃，而又不板结的话，也可不加耕翻，以节省劳力。

关于充分合理利用土地的问题，《齐民要术》中也提到，一年里葵可以种3次，韭收割不过5回，反映了在一块土地上连续播种收获同一种蔬菜的情况。至于说到在瓜区中间种薤或小豆，葱里杂种胡荽，反映出当时在蔬菜栽培上已经出现了套种。套种是中国农民的传统经验，是影响深远的增产方式。

2. 畦种水浇

早在春秋时就有分畦种菜。分畦就是对田园进行分区种植。《齐民要术》中常强调畦种可以合理地利用土地，菜的产量也高；便于浇水和田间操作，避免人足践踏菜地。当时菜畦的大小是长 2 步，广 1 步，至于畦的高低，书中没有说明，不过对于栽培韭菜，则特别强调畦一定要挖得深。因为韭菜每采收一次都要加粪。蔬菜大都柔嫩多汁，生长期中耗水量较多，必须经常浇水。北方大都采用井灌。

3. 施肥

蔬菜一般生长期较短，需肥量较大，菜地一定要施用基肥。基肥通常用大粪，或先于菜地播种绿豆，到适当的时候将青豆直接翻埋到土壤中，充作基肥。播种后还常施用盖子粪，即在播种完成后，随即用腐熟的大粪对半和土，或纯粹用熟粪覆盖菜籽。蔬菜生长期中要施追肥，尤其是分批采收的蔬菜，如葵、韭菜每次采收后都要"下水加粪"。

挑粪施肥

4. 种子处理

播种前依蔬菜的种类不同进行不同的种子处理。对某些蔬菜的种子，如葵、芫荽等，强调在播种前必需予以曝晒，否则长出来的菜不会肥壮。市售的韭菜种子，购回后应检查它的新陈。《齐民要术》中介绍的方法是用小铜锅盛水，将韭菜籽放入，在火上微煮一下，很快就露出白芽的，便是新籽；否则便是陈籽。通常所称的芫荽的"种子"，在植物学上属双悬果，播种前宜搓开，否则不易吸水，有碍萌发。方法是将双悬果放在坚实的地上用湿土拌和后，用脚搓，双悬果即可分成两瓣。这类较难发芽的种子，如芫荽等，可先进行浸种催芽，而后再播种。莲藕的种子——莲子因外皮是革质，播种前可应用机械损伤法，即先将莲子的尖头在瓦上磨薄，然后再播种。生姜是采用无性繁殖法，早在东汉时就知道种姜要在清明后10天左右封在土中，到立夏后，种姜的芽开始萌动后再行播种。

 5. 田间管理

栽培蔬菜除适时浇水、追肥外，还要及时进行锄草，这对于瓜类蔬菜尤为重要。早在西汉时，人们就已知道应用打叉、摘心等方法控制单株结实数，以培养大瓠（葫芦）。到南北朝时，进一步认识到甜瓜是雌雄异花植物，雌花都着生在侧蔓上，栽培中应设法促生侧蔓，以便多结。当时还不知道应用摘心以促生侧蔓，而是选用晚熟的谷子为甜瓜之前栽种的作物。

谷子成熟后，只收割谷穗，而高留谷茬。犁地时，将犁耳向下缚平，使谷茬不致被翻压下去。待甜瓜发芽后，锄草时注意使谷茬竖起，让瓜蔓攀在谷茬上，便可多发生侧蔓，从而多结果。

 6. 病虫害防治

关于蔬菜病虫害的防治方法，《齐民要术》也提到一些。如：适当安排播种期以避免虫害，在甜瓜地中置放有骨髓的牛羊骨以诱杀害虫等。此外还提到治瓜"笼"的方法：用盐处理甜瓜籽后再播种，以及在甜瓜的根际撒灰均可治瓜"笼"。不过关于"笼"的确切含义究竟是指虫害抑或病害，尚待考证。

 7. 采收

蔬菜的采收标准因种类而异。叶菜类一般都是整株采收；或掐头采收，留下根株发又继续生长。大蒜头应在叶发黄时及时采收，否则易炸瓣。

 8. 贮藏

西汉的文献中已有用窖藏芋的记载，只是未提窖的具体筑法。黄河中下游地区，冬季长而寒冷干燥。为了吃到新鲜蔬菜，魏晋南北朝时人们已经采用埋土储藏法。《齐民要术·作菹藏生菜法》记载：9～10月中，在墙南边太阳晒到的地方挖几个四五尺深的坑，把各种菜分别放在坑里，一行菜，一行土，到离地一尺左右时，上边厚厚的盖上秸秆。这样可以过冬。要用就取，

和夏天菜一样方便。这是利用阳光为天然热源，借以提高温度。用土埋藏可防脱水并减弱呼吸作用，使蔬菜保存新鲜的状态，这样就不受季节和地区限制，以达到保证供应新鲜蔬菜的目的。这种技术至今仍在沿用。

9. 加工

先秦文献中已有各种盐渍蔬菜的记载。《四民月令》中提到酱菜的加工。魏晋南北朝时的蔬菜加工主要采用腌渍作菹和干制的方法。"菹"就是通过腌渍而不易变质的咸菜之类。用盐腌造成蔬菜和微生物生理脱水来达到保藏的目的，这种方法由来已久，到贾思勰时代，作菹已成为最为流行和广泛应用的蔬菜加工保藏方法，《齐民要术》就记载了不下 30 种。原料包括芜菁、葵菜、菘菜、萝卜、冬瓜、胡芹、小蒜、韭菜、青蒿、木耳等，既有栽培蔬菜也有野生蔬菜；既有叶菜也有根菜、瓜菜和菌类，几乎是无菜不可加工成菹。这从一个侧面证明了做菹是当时最主要的蔬菜加工法。当时菹的酿制，很讲究辅料的搭配，葱、蒜、芥子、椒、姜以及酱、豉等各种调味品均大量应用于菹的加工，对于酿制的时间、温度等也有很多要求，这些都反映出其工艺水平已经达到相当高度。将蔬菜干制也是经常采用的方法，《齐民要术》中多有记载。但相比较而言，干藏加工远不如做菹普遍。

10. 保护地栽培

保护地栽培是在露地不适于作物生长的季节或地区，采用保护设备，创造适于作物生长的环境，以获得稳产高产的栽培方法，是摆脱自然灾害影响的一种农业技术。简易的保护设备有寒冷季节利用风障、地膜覆盖、冷床、温床，以及塑料大、小棚和温室；利用保护地栽培蔬菜，世界上当以中国为最早，至迟在西汉时期已经开始。当时富人的餐桌上就有了经过加温培育的韭菜。汉元帝时期宫廷内为了在冬季培育葱和韭菜，盖了房屋，昼夜不停地加温来生产以满足皇室贵族的需求。根据传说，秦始皇的时候，在骊山已经能够利用温泉在冬季栽培出喜温的瓜类。到了唐代，就有了利用温泉的热能栽培蔬菜的明确记载，宫廷内用温泉水栽培瓜果，在农历的二月贵族们就已经开始享用瓜果了。

总之，南北朝及其以前时期，蔬菜的栽培技术已十分丰富而细致。

隋唐五代的蔬菜栽培技术

隋唐五代蔬菜栽培很受人们重视，在《四时纂要》所记载的农事活动中，蔬菜和大田作物所占的分量很大，并且栽培技术比前代有明显的进步。

隋唐时期中国的蔬菜种类大为增加，首先是从国外引进了新型蔬菜，如莴苣、恭菜（莙蓬）、菠菜和西瓜，这些蔬菜丰富了中国人民的饮食生活。其次蔬菜种类呈增长态势，《四时纂要》共记载了35种蔬菜，它们是：瓜（甜瓜）、冬瓜、瓠、越瓜、茄、芋、葵、蔓菁、萝卜、蒜、薤、葱、韭、蜀芥、芸薹、胡荽、兰香、荏、蓼、姜、蘘荷、苜蓿、藕、芥子、小蒜、菌、百合、枸杞、莴苣、署蓣（薯蓣）、术、黄菁（精）、决明、牛膝和牛蒡。其中有1/4的种类是隋以前所没有栽培的，它们是菌、百合、枸杞、莴苣、术、黄菁（精）、决明、牛膝、牛蒡和薯蓣。这其中菌、百合、枸杞、牛蒡又都是中国原产蔬菜。

隋唐时期在蔬菜栽培技术方面所取得的成就，主要表现在以下两方面：

第一，食用菌的培养。这一时期留下了人工培养食用菌的最早记载。据《四时纂要·三月》："种菌子，取烂构木及叶，于地埋之。常以泔浇令湿，两三日即生。又法，畦中下烂粪，取构木可长六七尺，截断磋碎，如种菜法，于畦中匀布，土盖，水浇，长令润。如初有小菌子，仰杷推之；明旦又出，亦推之；三度后出者甚大，即收食之。本自构木，食之不损人。构又名楮。"从这段文字看，当时已经知道食用菌的生长需要有一定的温度和湿度条件，要选择适宜的树种，而且还知道保留小菌子以帮助菌种扩散生大菌的方法，这项技术是一个划时代的突破。

第二，将地热用于蔬菜栽培。唐都长安附近有比较丰富的地热资源，唐政府设温汤监管理相关事务。据《新唐书·百官志》"庆善石门温泉汤等监，每监监一人……凡近汤所润瓜蔬，先时而熟者，以荐陵庙"。可见当时已利用地热栽培蔬菜，规模甚大，设有专门机构温泉汤监管理此项工作。又据诗人王建的《宫词》称："酒幔高楼一百家，宫前杨柳寺前花。内园分得温汤水，二月中旬已进瓜。"可见当时栽培的效果很不错。

宋元蔬菜栽培的新技艺

宋元时蔬菜种类繁多。宋《梦粱录》记南宋临安一地的蔬菜就有近40种。元王祯《农书·百谷谱》载有常用蔬菜30多种，皆列有栽培方法。这一时期新增加的蔬菜有芥蓝、丝瓜、胡萝卜、豆芽菜、荸荠、慈姑、甘露子、蒟蒻（魔芋）、香蒲、香菇、香芋等。白菜这时培养的品种相当多，已成为"南北皆有"的蔬菜。萝卜培育成四时可种的蔬菜，元代时种植"在在有之"。随着蔬菜种植的发展，出现了不少新的栽培技术。

1. 白菜黄化技术

白菜性不耐寒，经受不了长期-5℃以下的低温。宋代的气候趋于由暖变寒，其温度比现代为低，冬季屡有严寒发生。人们为了保护白菜过冬，便采取白菜上盖草的措施。春天来临，人们发现白菜老叶虽枯萎了，而芯叶却"黄白纤莹"，白嫩异常，口味大有改进。于是，在生产上有意识地盖草黄化，称这种白菜为"黄芽菜"。南宋《临安志》首次记载"黄芽菜"这一白菜品种。栽培措施是在"冬间取巨菜，覆以草，积久而去其腐叶，黄白纤莹"。这就是中国最早的白菜黄化技术。

以后，受白菜覆草黄化的启发，人们采用束叶等措施逐渐培育出结球白菜，可见白菜黄化技术对白菜的发展起到了很大的作用。

2. 蔬菜无土栽培技术

中国古代的蔬菜无土栽培，主要应用在豆芽菜的生产上。汉代已利用豆芽，当时称为"黄卷"，长沙马王堆两汉墓出土的竹简上有"黄卷一石"的记载。但最初的黄卷是从大豆初出土时取得，并非浸水发芽生成，用途主要取其干制品作药剂。宋代开始有用豆芽作蔬菜的记载。南宋时林洪《山家清供》有大豆芽生产方法的记载："以水浸黑豆，曝之，及芽，以糠皮置盒内，铺沙植豆，用板压，及长，覆以桶，晓则晒之，欲其齐而不为风日侵也。"当时称这种豆芽为"鹅黄豆生"。其方法采用浸泡豆子，以糠和沙作基质保水，常晒取暖，保持温度，放桶中勿令见风日，已形成豆芽菜无土栽培的传统生产技术。

3. 茭白中灰茭的防治

茭白是菰被黑粉病菌寄生后，花茎组织受病菌分泌的吲哚乙酸刺激，形成肥大的肉质茎。古代最初取菰的籽实食用，称为雕胡。《尔雅》已有茭白的记载，称为蘧蔬。西晋时茭白是太湖地区食用的名贵蔬菜。唐代对灰茭引起了注意，陈藏器《本草拾遗》曾指出：茭白不少是"内有黑灰如墨者"的灰茭，当时称为乌郁，食用品质很差。宋代开始研究防治灰茭的方法，认为是栽种不当所致，创造了用经常移栽治灰茭的办法。南宋·温革《分门琐碎录》说："茭首根逐年移动，生者不黑。"灰茭的形成与地力长期消耗有关，缺乏肥分后黑菰粉菌产生厚垣孢子，而使茭白变黑。移栽改善了水肥条件，所以能防止灰茭的产生。延至明代，除采用逐年移栽外，还配合深栽，并用河泥壅培根际，能更有效地防止出现灰茭。

4. 软化栽培和阳畦栽培

软化栽培韭菜成韭黄，北宋已有生产。庆历时梅尧臣有描写汴京卖韭黄的诗，是冬天用粪土栽培的。南宋时韭黄生产已扩展到浙江杭州、四川新津、江西庐陵（今吉水）等地。元代《王祯农书·百谷谱五》记载了栽培韭黄的方法："至冬，移根藏于地屋荫中，培以马粪，暖而即长，高可尺许，不见风日，其叶黄嫩，谓之韭黄，比常韭易利数倍，北方甚珍之。"这种软化栽培是技术上的一项伟大创造。

到了元代，农人们已注意到瓜类和茄子是喜温蔬菜，种子萌发要求较高的温度，在气温尚低的农历正月，必须设法创造一个温度较高的环境进行催芽，才能使其萌芽。当时就采用瓦盆或桶盛腐粪，待其发热后将瓜类、茄子的种子插入，经常浇水，白天置于向阳处，夜里置于灶边，等种子发芽后，种于肥沃的苗床中。适当时节用稀薄的粪土浇灌，并搭矮棚遮护。待瓜茄苗长到适当大小时，带土移栽至本田。这种利用太阳的光能来保持温度，没有人工加温设施的方法叫阳畦。元代利用阳畦生产韭菜的方法是：在冬季的阳畦内，利用马粪覆盖发热，还在迎风处用篱障遮挡北风，到春天的时候韭菜芽长出，长到二三寸的时候收割下来获得新韭。用阳畦生产比温室更加经济，

因为不用人工加热方法，所以它相当于现在的冷床育苗。这一技术简便易行，蔬菜可早上市，也是一项重要的技术创造。

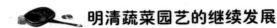 明清蔬菜园艺的继续发展

 1. 豆芽菜生产的进步

培育豆芽作为蔬菜发生于宋代，自进入明代以后，豆芽菜的生产发展得很快，在种类上除黄豆芽以外，还有绿豆芽，明初《种树书》已有明确记载。在生产技术上，早期生产豆芽菜是用米糠和沙做基质，以后发展为不用基质。然而纵观古籍中叙述的生产豆芽菜的方法，不管是否采用基质，生产原则概括起来不外二三点：不见风日、供应适量的水分和保持一定的温度。

 2. 早春蔬菜的冷床育苗

明代，育苗移栽已是蔬菜栽培中普遍采用的方法，《便民图纂》中共记述了40余种蔬菜的栽培方法，其中半数以上采用育苗移栽，而且不仅有喜温的春播蔬菜，也有喜冷凉的秋播蔬菜，唯对其具体方法文献中未作说明。

清代文献已出现"苗地"这一名称，而且对早春培育辣椒的苗地，注意到整地要精细，选地要肥沃、高燥，苗地要施基肥。明确指出早春培育喜温蔬菜的秧苗时，在苗地上要搭棚，目的在于保护秧苗。由于当时搭棚所用的材料是不透光的"草"，所以特地说明苗出后，不晴朗的日子，白天应揭去草，使秧苗见"日光"。

 3. 瓜类的整蔓

清《马首农言》发展了以前瓜类作物的整蔓技术，它生动地指出"葫芦切去正顶、瓠子独留正顶，甜瓜则又切其正顶，留其支顶，见瓜又切其支顶，切时必正午方好。黄瓜任其支蔓，不用切顶"。说明当时已掌握了各种瓜类作物的结果习性，采取不同的整蔓方法。如对侧蔓结果的甜瓜采取摘心法就能促进多生侧蔓多结瓜，这比以前《齐民要术》使甜瓜攀缘在谷茬上多结瓜的办法进步多了。

4. 火室火坑的推广应用

早在汉唐时期已有利用温室栽培蔬菜的记载，但具体方法不详。直到明中叶以后，文献中才有比较具体的火室火坑生产黄瓜、韭黄等记载。如《五杂俎》说："京师隆冬有黄芽菜、韭黄，盖富室地窖火坑中所成，贫民不能办也。今大内进御，每以非时之物为珍，元旦有牡丹花、有新瓜，古人所谓二月中旬进瓜不足道也，其他花果无时无之，善置炕中，温火逼之使然。"火室火坑除用于生产蔬菜外，亦生产果品和花卉，这在当时记载很多，如李时珍《本草纲目》中的"菘（白菜）"；徐光启《农政全书》果蔬；王象晋《二如亭群芳谱》中的"芫荽""韭黄"；《北京岁华记》记载的"鲜小桃""鲜郁李""白梅"等。

菌类栽培技术的发展

浙江河姆渡新石器时代遗址出土的菌类遗存物，证明中国先民在距今六七千年前已经大量采食蘑菇。《尔雅·释草》最早提到了"菌（即菌）芝"和"中馗菌"等菌类名称。《神农本草经》记载了芝类、茯苓、蘿菌、雷丸等十几种大型真菌。特别对芝类还做了进一步的分类描述，按菌子实体的颜色分为青芝、赤芝、黄芝、白芝、紫芝、黑芝等。

在宋代，中国出版了世界最早的食用菌类专著——《菌谱》（1245年）。作者陈仁玉是台州人，台州以出产上等美味菌而闻名。《菌谱》就是对本乡特产的记述。书中一共记述了11种菌，对每一种菌的生长、采收时间，以及菌的形状、色味都作了一定的说明。《菌谱》指出："鹅膏菌生高山中，状类鹅子，久而散开。味殊甘滑，不减稠膏（菌）。然与杜菌相乱。杜菌者生土中，俗言毒蜇气所成，食之杀人……凡中其毒者必笑，解之宜以苦茗杂白矾，勺新水并咽之，无不立愈。"现在知道，在鹅膏属中，有些种类如毒伞是极毒的，而有些种类如青鹅蛋菌却是味道鲜美，可供食用的。但这两种菌的外形很相似，很容易相混淆。吃错了可是性命攸关的大事。宋代人已经识别它们，这是不易的。明代潘之恒编著的《广菌谱》一书，记述了20种大型真菌，这些真菌的产地遍及西南、华南和华北。《本草纲目》中著录了28种真菌，其中有6种是李时珍新增加的，大大扩充了有关真菌的知识。李时珍对各种菌

类的描述更加详细。关于蘑菇："蘑菇出山东、淮北诸处……长二三寸，本小末大，白色柔软，其中空虚，状如未开玉簪花。"这里对蘑菇的产地、大小、形状和颜色，都做了生动的描述。又如稠膏菌："生孟溪诸山，秋中雨零露浸，酿山膏木腴，发为菌花，生绝顶树杪，初如蕊珠，圆莹类轻酥滴乳，浅黄白色，味尤甘。已而张伞大如掌，味顿渝矣。春时而生而膏液少。"这充分说明当时对这些菌类的形态生态，进行了相当细致的观察。清初吴林撰《吴蕈谱》不仅介绍 8 种食用菌，还对如何辨识毒菌做了相当详细的说明。

中国在汉代就已经有关于食用菌栽培的记载。到唐代《四时纂要》很详细地记述了冬菇的栽培方法。具体做法是这样的："三月种菌子，取烂构木及叶，于地埋之。常以泔浇令湿，两三日即生。"又法，"畦中下烂粪，取构木可长六七尺，截断碰碎，如种菜法，于畦中匀布，土盖。水浇长令润。如初有小菌子，仰杷推之。明旦又出，亦推之。三度后出者甚大，即收食之……"这种栽培法和现在用锯屑栽培相同。

香菇是大家喜欢吃的食品，它的人工栽培也已有悠久的历史。元代《王祯农书》最早记载了香菇的栽培技术，即"以蕈碎剉，均布坑内"，这是用子实体组织块作为播种材料。可见中国很早就对菌类的繁殖方法有了一定的认识。日本江户时代本草学家佐藤义信所著《温故斋五端编》（1790 年）中说：日本的香菇栽培技术就是由中国传去的。当今世界广泛栽培的 10 种食用菌中，绝大部分在中国古代都有栽种。

蔬菜的治虫驱虫方法

中国古代发明了多种多样的诱杀害虫的方法。

汉朝时，农民们发明了食物诱杀法。人们用包扎腊肉的草把，插在瓜田的四周，腊肉有香味，害虫很喜欢吃。虫被肉香吸引而来，等草把爬满了害虫，再用火烧掉，当年的瓜就很少有虫害。

900 年前，元代司农司《农桑辑要》一书提出，采用牛羊骨诱蚁杀灭法来消灭瓜地里的蚂蚁。书中指出，瓜田有蚁者，以带有骨髓的牛骨羊骨放在地垄头，蚂蚁会附着在其上，将它丢弃后，瓜地里就不会有蚂蚁了。

中国古代也很早就发明了用化学药品杀灭害虫。三国魏吴普《神农本草经》上表明，三国时人们已经懂得用汞类和砒类物质杀虫。1400 年前，人们已经懂得了用硫磺杀虫。宋朝的苏东坡曾写到过，树木被虫蛀成空洞，可用硫磺塞入，洞里的虫就会被杀死。明代曾用砒类物质拌种子，以杀死地下的害虫，如专门吃秧苗的"地老虎"。

明清时期，蔬菜病虫害的防治又有进一步发展。如徐光启在《农政全书》中指出："蔓菁遇连日阴雨，易生青虫，须勤扑治。"虽然所述防治方法仅仅是人工捕捉，但已注意到菜白蝶幼虫的发生与气候条件有一定关系。《三农纪》说："凡菜生虫，用苦参根浸水泼，百部水亦可，或撒石灰。"说明已注意到用药物防治蔬菜害虫。

更加难得的是，中国古代很早就发明了以虫治虫、用生物天敌来防治害虫的方法。1600 年前，中国人民已经知道有一种蚂蚁，它专门吃橘树上的一种害虫，用它来防治柑橘的害虫，有很好的效果。当时，人们拿了藏有这种小蚂蚁和它的赤黄色卵的巢，一起卖给别人。人们很早认识到蛙类能吃虫。因此，中国古代很早就禁止农民捕捉蛙类。人们还用螳螂幼虫来除虫。人们看到螳螂窝，就会把它移植到树上，让它吃害虫。中国古代人民还懂得了有些植物对害虫也有相克作用，就用植物来防治和消灭害虫。如用艾叶熏蚊子，用大黄治臭虫，用巴豆治天牛，用大蒜治蚜虫，用蒲母草治桑天牛及介壳虫等。

多种多样的治虫方法，是古代人民对农业发展做出的巨大贡献。

第三节
中国古代常见蔬菜

古老的越冬佳菜——萝卜

深秋，正是萝卜采收上市的季节，去郊区菜园观赏，五颜六色的各种萝卜摆在眼前，红的深红、黄的金黄、绿的翠绿、白的纯白，各种形状五花八门，圆锥形、长圆形、球形、纺锤形等，一车车，一担担清脆可口的鲜嫩萝卜，进入市场后，受到了广大群众的欢迎。

萝卜是过冬的佳菜，生食熟吃都可以，并能代替水果。萝卜原产亚洲西部，从周代开始种植。胡萝卜原产欧洲，元代时从西域传入，现在全国各地盛栽。

萝卜绘菜，萝卜煮肉，美味无穷；凉拌萝卜，清脆可口；还可加工腌制成酱萝卜、咸萝卜、萝卜干等。胡萝卜肉质细密，含有蔗糖，无辣味，脆甜，可代替水果生食。

萝卜营养价值很高，含有维生素甲、乙、丙，特别是维生素丙的含量很多。它含有淀粉分解酵素，又叫糖化酵素，这种酵素可以帮助消化米面中的主要成分淀粉质，使人体便于吸收，对营养非常有益，多吃生萝卜，对帮助肉类消化很有效。胡萝卜的根含有香气，养分很多，特别是含有一种色素，叫胡萝卜素，最有价值。胡萝卜素进入人体后，经过一种化学作用，可转变成为维生素甲。含维生素甲最多的食物有奶油、蛋黄、奶粉、鱼肝油等。这些动物性食品之所以含维生素甲，根本的来源还是由于动物吃了含有胡萝卜素的植物，每100克红色的胡萝卜含胡萝卜素2.8毫克，黄色的胡萝卜却含有4毫克。

萝卜的叶叫莱菔英，我们往往把它丢弃，这是非常可惜的。它含有多量的维生素甲原和维生素乙、丙，铁和钙的含量也很丰富，比萝卜的含量高得多，所以也应用作蔬菜。可以晒为干菜，也可腌制，水煮后凉拌和炒菜都很好吃。

萝卜的叶、根、籽都能入药。据李时珍的《本草纲目》记载：萝卜能下气、定喘、治痰、消食除胀，利大小便，止气痛。在泥地中的隔年老萝卜，枯瘦无肉而多筋、形如骷髅，中药名为地骷髅，具有利水消肿之功能，可治面黄肿胀，胸膈饱闷、痢疾、痞块等病症。萝卜的种子名叫莱菔子，也是一味中药。名医朱丹溪赞扬莱菔子治痰有推墙倒壁之功。著名方剂"三予养亲汤"中，就是用莱菔子治疗咳嗽痰多，喘逆上气等病症的。在临床中，医生用莱菔子与其他药物相配，治疗老慢支及冠心病的痰气交结型等疾病确有效果。相传古代有个皇帝生病后，御医们开的药方，都离不开人参之类的补气药或补血药，很长时间治不好病。后来请了一位不出名的中医，他在替皇帝煎中药时，暗中加进了一大把莱菔子，终于使皇帝的病很快好转了。

用萝卜治病，中国历代药书都有记载。宋时就有莱菔（即萝卜）解毒的传说，据医书载：邑东境褚姓，因夫妻反目，其妻怒吞砒石。其夫出门未归，夜间砒毒发作，觉心中热渴异常。其锅中有泡于胡莱菔英之水若干，犹微温，遂尽量饮之，热渴顿止，迨其夫归犹未知也。隔旬，其夫之妹，在婆家也吞砒石，急遣人来送信，其夫仓猝将往视之，其妻谓，将干胡莱菔英携一筐去，开水浸透，多饮其水必愈，万无一失，其夫问何以知之，其妻始明言前事。其夫果亦用此方，将其妹救愈。然所用者，是秋末所晒之干胡莱菔英，在房顶屡次经霜，其能解砒毒或亦借严霜之力欤？至鲜胡莱菔英亦能解毒否，则犹未知也。

　　莱菔性微温，味辛，入肺经，激发健胃，缓痉排痰平喘，外用消肿，熟食宽中，生食升气，散瘀消食，行气化痰，治吐血。如食积不化、口臭、肚子胀、大便干燥，炒莱菔子3钱，枳壳2钱，焦六曲4钱，水煎服有效。慢性气管炎，咳嗽、痰多，炒莱菔子、苦杏仁各3钱，生甘草2钱。据说，一人年五旬，当极愤怒之余，腹中连胁下突然胀起，服诸理中开气之药皆无效，俾用生莱菔子1两，柴胡、川芎、生麦芽各3钱，煎汤2盅，分3次温服，尽

鲜嫩的萝卜

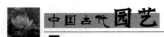

剂而愈。一人年二十五六，素多痰饮，受外感，三四日觉痰涎凝结于上脘，阻隔饮食不能下行、须臾仍复吐出。用莱菔子1两，生熟各半，捣碎煮汤一大盅，送服生赭石细末3钱，迟点半钟，再将其渣重煎汤1大盅，仍送服生赭石细末3钱，其上脘顿觉开通，可进饮食。

萝卜的主要功能是顺气、消积。当服用大补元气的药物时，就不宜再吃萝卜了。祖国医学认为，服用人参、何首乌与地黄时，应忌食萝卜。

知识链接

依然在食用的古代蔬菜——瓠

瓠也是中国古代的常见蔬菜之一，大约在7000年以前中国就已经开始栽培了，与葫芦瓜相近。瓠为草本植物，夏天开花，结长圆形的果，嫩的可做菜吃。现在很多地区依然在食用，不过已经不是古时的品种了。瓠的味道偏于清淡，但营养丰富，对于发育期儿童非常有用。

《本草纲目》中是这样对瓠分类的：后世以长如越瓜，首尾如一者为瓠；瓠之一头有腹长柄者为悬瓠；无柄而圆大形扁者为匏；匏之有短柄大腹者为壶；壶之细腰者为蒲卢。各分名色，迥异于古。以今参详，其开头虽各不同，而苗、叶、皮、子、性、味则一，故兹不复分条焉。悬瓠，今人所谓茶酒瓢者是也。蒲卢，今之药壶卢是也。

古老的引入蔬菜——菠菜

菠菜原产在波斯（伊朗），菠菜流传到中国是唐朝的事情了（也有说是汉代，但无证据）。《唐会要》记载，"尼波罗（也作泥婆罗，现在尼泊尔、印度一带）进贡菠菜给唐太宗，说其根为红色，做熟后味道不错。"《新唐书·西域传》也记载了贞观二十年（647年）进贡菠菜的事情。当时称其为菠棱菜，不过炼丹的道士则称其为波斯草，道士特别喜欢吃菠菜，原因据说是吃菠菜可以化解丹药带来的不适感。

菠菜有很多别名，其中有一个别名"红根菜"，就取自其根的颜色。菠菜还有个别名叫鹦鹉菜，也是由于菠菜翠绿、根红，犹如一个巧舌鹦鹉。

说到鹦鹉菜，想起来一个有趣的传说。说是乾隆下江南微服私访。饥渴难耐，于是和随从在一农家用饭。农家主妇从自家的菜园里挖了些菠菜，给皇上做了个菠菜熬豆腐，乾隆食后颇觉鲜美，极是赞赏，也许是农家主妇手艺的确不错，也许是饥不择食，传说中朱元璋吃到翡翠白玉汤（臭豆腐渣，剩汤）都当成无比的美味。乾隆问其菜名，农妇说："金镶白玉版，红嘴绿鹦哥"。乾隆大喜，封农妇为皇姑，从此菠菜多个别名叫鹦鹉菜。

菠菜生命力顽强，在寒冬之日依然不凋（－15℃才枯萎，其根－35℃依然存活，见《中国大百科全书农业卷·菠菜》）。于是苏轼在一首诗中写道："北方苦寒今未已，雪底波棱如铁甲"。就表明菠菜的耐寒，如同披了铁甲一样不怕冻。

菠菜富含纤维，有促进肠道蠕动的作用，可通肠导便。便秘者可多加食用。菠菜炖豆腐虽然是好菜，但菠菜富含草酸，与豆腐钙质结合，会导致钙质流失。因此，烹调前最好过水焯一下，以减少草酸含量。另外，菠菜不宜多吃，尤其结石患者应更加注意，因为草酸沉淀易结晶，会诱发结石。

因素食而兴的魔芋

《蜀都赋》中左思描述了蜀地山川俊美和各种美食。他提到一种食物"蒟蒻"（jǔ ruò），就是魔芋的古称。

魔芋在中国食用历史悠久。2000 多年前的蜀地已经吃上魔芋豆腐了，它是用魔芋淀粉加 5% 的石灰水凝固而成。魔芋豆腐呈棕黄色，多孔，类似面筋，味道十分鲜美，受到人们喜爱。（《倭名类聚抄》转引《蜀都赋》注"蒟蒻，大者如斗，其肌正白，以灰汁煮即成冻，以苦酒淹食，蜀人珍之"）。

魔芋豆腐在唐朝的时候因为素食兴起，得到一定普及。孙光宪《北梦琐言》卷五记载这样一件事情："唐代崔安信奉佛教禅宗，不用荤食，宴请同僚也是如此，厨师把面团和魔芋豆腐染上颜色，做成猪肘、羊腿样子。"

魔芋又可称为磨芋、鬼芋。现在主要分布于南方山区，其中四川产量占

50％以上。魔芋主要用它的地下块茎制作魔芋淀粉，地下块茎呈扁圆形，像大个的荸荠，直径可达 25 厘米以上。

魔芋块茎不能直接食用，因为它有毒，人中毒后舌、喉灼热，痒痛，肿大（民间用醋加姜汁少许，内服或含漱可以解救）。魔芋淀粉必须经磨粉、蒸煮、漂洗等加工过程脱毒方能食用。

魔芋具有较高的医学价值，中国古代医学典籍《本草纲目》《三元延寿》《开宝本草》等均有所记载：魔芋可解毒、消肿、化痰、降低血清胆固醇等多种作用。魔芋被联合国卫生组织确定为十大保健食品之一。

魔芋淀粉很神奇，它的膨胀力可以达到 80～100 倍。吃一点点就会感到很饱，且它含的热量很低，是理想的减肥健美食品。

长寿美容的良药——香椿

香椿鱼，可能有些不知道的人会以为这是鱼做的菜，其实不是，它是嫩香椿用盐水稍腌，挤去多余水分，然后撒上一层面粉，加鸡蛋、油、盐、调料搅拌成糊，再放进油里炸，最后出盘，吃的时候可以撒些花椒盐。

传说有位皇上微服私访，到一农户人家，农户以香椿鱼招待皇上。皇上吃了，觉得清香可口，就问这是什么做的，农户指了指院里的香椿树，说："是用它做的。"后来皇上一次打猎，看到一棵大大的臭椿树，皇上以为是吃过的香椿，一高兴，就封臭椿为"香椿王"。这一下子就把全天下的香椿树气得都裂开了缝（香椿长得时间久了树皮会开裂）。

可口的香椿

臭椿和香椿不是一类东西，虽然它们长得很像。臭椿又称为樗（chū），它的木质很差，人们自谦时常比喻自己是樗栎（臭椿与柞树），说自己是无用之才，而香椿的材质比较好。《左传》中记载"孟庄子斩其橁，以为公琴"。"橁"同"椿"，古人做琴对木材的材质要求很严格，椿能做琴，可见香椿材质不错。

有人会问香椿和臭椿怎么区分，最简单的办法是靠气味。香椿有浓郁的香味，臭椿有臭味。从树干也可以区分开，臭椿树干表面较光滑，不裂。而香椿裂口较多，常呈条块状剥落。

中国食用香椿的历史很悠久。汉代的时候，香椿就已经在全国各地普遍种植。汉代医药著作《生生编》就记载："香椿瀹食，消风祛毒"（瀹，音yuè，这里是煮、烹调的意思）。

香椿香气宜人，可以凉拌食用，也可以作为调味品食用。把香椿切碎，晾干了。在吃豆腐脑的时候，煮香椿干作为调料水，那香味融入豆腐脑中十分可口。

香椿长寿，庄子的《逍遥游》说："上古有大椿者，以八千岁为春，八千岁为秋。"这虽然有些夸张，但也表明香椿的长寿。李时珍的《本草纲目》中说："椿樗易长而多寿考。"人们常用"椿年""椿令"祝福老人长寿。

香椿有很好的食疗效果，民间有"常食香椿不生杂病"的说法。中医认为：香椿味苦性寒，不仅具有清热解毒、涩肠止血的作用，还能健胃理气、美容驻颜，经常食用，可起到很好的疏肝、理气、健胃的作用。

香椿要吃新鲜和嫩的，不新鲜的香椿里面亚硝酸盐含量会增加很多。亚硝酸盐长久食用会致癌，也不要吃腌制的香椿，腌制同样会大大提高亚硝酸盐含量。

香椿过去多在初春采摘，但只能摘 2～3 次。以后就老了口感很差，不能食用。现在许多地方种植香椿像蔬菜生产一样，大棚里矮化密植栽培，让人们在四季都能吃到香椿，不像过去只能在初春采摘。不过，这种时兴蔬菜少了过去春季采摘而吃的那种韵味。

其实，温室里栽培香椿在明朝时候就有了，只不过平常人享受不到而已。明朝刘侗、于奕正的《帝京景物略》就记载了："元旦的时候给皇宫进贡黄瓜和香椿，就深受贵人们的厚爱，不过它们价格可是非常的昂贵。"

寒士山珍说竹笋

梅兰菊竹，古称"四君子"，而竹笋更被誉为"寒士山珍"。

竹子在中国主要分布在珠江、长江、黄河流域最多。《竹经》说："竹之

寒士山珍：竹笋

品类六十有一"。实际中国竹类植物 22 属，180 多种。主要有孟宗竹、淡竹、紫竹、青篱竹、毛竹、早竹、四季竹等 60 多个品种。《花镜》说："竹根曰蔸，旁引曰鞭。鞭上挺生者名笋，笋外包者名箨。过母则箨解名竿，竿之节名䇣。初发梢叶名篁，梢叶开尽名箹，竿上之肤名筠。"竹子性格坚刚，值霜雪而不凋，历四时而常茂，颇无夭艳，雅俗共赏。

竹是一种经济价值极高的作物，它生长得快，栽种 1 年后即可采笋，4 年即可伐竹。因为质轻而坚，取材容易，故广泛地被人利用。古人说："宁可食无肉，不可居无竹。"著名的宋代诗人苏东坡说得更妙："食者竹笋，庇者竹瓦，载者竹筏，炊者竹薪，衣者竹皮，书者竹纸，履者竹鞋，真可谓不可一日无此君也。"苏东坡此说可能有点夸张，但也足以说明竹子和人们的生活有着密切的关系。

竹子工艺品，不仅内销受群众欢迎，而且外销也有很好的市场。竹子制品种类繁多，有花瓶、画屏、玩具、模型、竹席、椅垫、果盘、鸟笼、纸篓、提包、烟斗、筷子、壁板等。竹子做的风铃是最受欢迎的工艺品，它可以悬挂在檐下或窗前，每当微风吹过，就会发出轻巧悦耳的铃声。

中国是最早用竹和最善于用竹的国家之一，用竹子制作各种器物，固然有实用价值，而在竹器上精心雕刻字或画，则更有艺术价值。中国的雕竹艺术，是由雕刻文字的书册发展出来的，雕刻艺术家最早见于记载的是宋代的詹成。

竹笋，一名"竹肉"，又名"竹胎"，鲜笋清香味美，非常好吃。竹笋是由竹的芽胞发育而成的。每丛竹都在地下长有茎部，在植物学上称为竹鞭，每条竹鞭都有节有芽，能抽出地面的多是春笋和夏笋，而冬笋却从来不抛头露面，总是躲在泥土里，长得又娇又嫩，要靠那些熟知它的习性的有心人才能发现它。春笋却不然，每当"清明"前后，便破土而出，一个春笋重三四斤，有的像成年人的大腿那么粗，比冬笋的个子要大出许多倍。清代的郑板桥，不但常常作诗吟竹、画竹，而且还喜吃竹笋，并把竹笋誉为"寒士山珍"。

据近代科学分析，笋肉除了含有丰富的维生素C外，还含有较多的蛋白质，低淀粉，低脂肪；特别是因为含有一种叫作亚斯颇拉金的白色含氮物，构成了笋的芬香的特殊的风味。它一经与各种肉类烹饪，就显得更加鲜美。据说竹林山区的高血压患者较少，长寿的人较多，与经常吃笋有一定关系。尤其是竹笋还含有丰富的纤维质，可以促进肠的蠕动，帮助消化，去积食，防止便秘。竹笋的吃法，中国古代的《食经》里有专门介绍。

据《本草纲目》载，竹叶、竹根、竹茹、竹沥、竹实、竹笋都能入药，可治胸中痰热，咳逆上气，解酒毒，发汗，杀虫，止尿血等疾病。

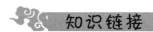

解缙与竹

明朝解缙，自幼聪明好学，性情耿直，人称才子，他的对联十分新巧别致。比如"墙上芦苇，头重脚轻根底浅；山间竹笋，嘴尖皮厚腹中空"这副有名的对联，就是他写的。据说，他家门前有块竹山，属乡绅所有。解缙在春节时贴了一副门联："门对千棵竹，家藏万卷书。"乡绅说他好大口气，叫人把竹梢都砍掉，解缙在联下各加一字："门对千棵竹短，家藏万卷书长。"乡绅看了更加生气，叫把竹子连根挖掉，解缙在联下再加一字："门对千棵竹短无，家藏万卷书长有。"乡绅被气得毫无办法了。

四时皆有的招财菜——白菜

白菜古名叫菘，又称结球白菜、黄芽菜、包心菜。是十字花科芸苔属一年或二年生草本植物。原产中国，栽培历史已有数千年。在晋代以前就有栽培，代表叶用类型的"菘"，在《名医别录》《齐民要术》等古籍上已有记

白菜

载。大约又过了 500 年，到宋朝时才有了实心白菜。宋代苏颂所著的《本草图经》上，已有"牛肚菘"的记述。元末明初时，中国种植大白菜的经验已相当丰富。据 1366 年《辍耕录》记载，当时中国出产的大白菜，有"大者至十五斤"重的。清朝 1875 年，中国曾将 3 棵大白菜送到东京博览会展出，而后日本爱知县试种，从此又传入日本各地。

菘，这个名字很独特，蕴含着白菜像松柏一样凌冬不凋，四时常有。白菜原产于中国南方，由于在隋唐以前，中国的政治经济文化中心在北方，所以在汉代以前似无记载，只是到了三国以后，白菜才见于记载，如《吴录》载："陆逊催人种豆、菘。"但是隋唐之前白菜种植还不是很普及，隋唐之后白菜才推广开来，和白萝卜一起成为人们的主要蔬菜。"白菜"之词最早见于杨万里的《进贤初食白菜因名之以水精菜》，其诗云："新春云子滑流匙，更嚼冰蔬与雪薤，灵隐山前水精菜，近来种子到江西。"薤指的是捣碎的菜，杨大才子把白菜夸得过分，他只不过把白菜放进白水里煮而已，并且白菜还剁成渣子，顶多加点盐，就称为"水精菜"。古代人吃的蔬菜品种少，因此对它十分推崇。其实古人一年四季吃得很单调，能吃到白菜已实属不易。南北朝南齐有个人叫周颙，文惠太子问周颙什么蔬菜味道最好，周颙回答："初春的韭菜，秋末的白菜。"

大白菜是中国主要蔬菜品种，从秋末到冬春，是食用时间最长，消费量最多的一种叶菜，现在全国各地都有栽培，凡是气温在 7℃～8℃ 到 24℃～25℃ 之间达 70～80 天以上的地区，都可以做经济栽培。

大白菜的种类和品种很多，以性状来分，可分为"结球种"和不结球的"直立种"两类。栽培面积较大的是结球白菜，它耐贮藏，适宜长途运输。结球种的内心叶互相卷抱成坚实的球形、扁圆形、倒卵形、筒形等，叶片多为纯白色的扁平状，叶片外面淡黄色，内芯嫩白色。一棵大白菜，普通是 1～3 公斤，如果管理得好，最大的也有 10 公斤左右。不结球的直立种，植株较高，叶片直立，形成长筒形或倒卵形，叶片环抱较松，内心稍向外翻，其他略同于"结球种"。

目前，中国南北各地栽培的大白菜，主要有北京的魏心白、抱头白、拧心白、抱头青，上海的小白口，天津的青麻叶、筒筒白，河北的徐水核桃纹，山东的福山包头，胶州白菜、城阳青、二牛心，山西的大毛边、太谷二包头，济南小包头，玉田大包尖，郑州二包头等。这些品种的生长适应性强、产量高、品质好、耐贮藏。

大白菜的营养成分很多，特别是维生素丙和钙的含量很高，是人体得到各种维生素和矿物盐的主要来源。它质地柔软，易于消化，而且风味好，炒、烧、煮、作馅、盐腌、酸渍、作泡菜均可，而且鲜美可口。它的吃法很多，可以和各种肉类一起烧来吃，也可以和香菇、虾米一起炒，或者红烧。白菜切细条炒肉丝也很好吃。同猪肉和笋一起烧醋溜白菜，或者清炖，味道特别鲜美。由于它产量高，耐储存，长久以来是北方冬季和早春时节的主要蔬菜（北方冬季三大样：白菜、土豆、萝卜）。20 世纪 80 年代中期，每到深秋季节人们就大量采购白菜，把它堆放在院子里、楼道里，整座城市里到处飘荡着白菜的味道。白菜也是那个时代人们生活水平的一种标志。

古老的祭品——韭菜

韭菜，是中国的特产，从远古，文字未出现以前就把这种野生宿根植物，当作蔬菜来栽培，它属百合科。中国历史上历代文献中，都有种韭菜的记载，公元前 1000 年，古书《尔雅》里写道："一种而久者，故谓之韭，韭者，懒人菜。"《广志》说："弱韭长一尺，出蜀汉。"古代习俗，对于祭祀大典，是看得很隆重的。《诗经》里说："四之日，献羔祭韭。"这就反映了古代人民很早以前，就把韭菜当作庙堂祭品。《尔雅》上又说："稻曰嘉蔬，韭曰丰本，联而言之，岂古非重视欤！"这就说明中国古人早就把韭菜和主要粮食作物的稻子相提并论。

由于我们祖先世代的辛勤培育，几千年以来，不仅育成了各种类型的品种，而且创造了几十种栽培方法。汉朝的汉书《召信臣传》里写道："大官园种冬生葱韭菜茹，覆以屋庑，昼夜爁（燃）蕴火，温气乃生。"这就清楚地说明我们祖先远在欧洲希腊罗马时代就已创造了韭菜的温室栽培，对于世界园艺史上有着卓越的贡献。晋书里还这样记载着："石崇与王恺争豪，崇每冬得韭，湃（平）蜜（齐）供客，恺自恨不及，密货崇帐下，问其所以，答云是擣韭，杂以麦苗耳。"说明现在麦秸盖韭法，远在千余年前就有历史记载。时至今日，韭菜遍布全国各地。无论是四季少见霜雪的闽、粤地区或是冬季 −40℃的黑龙江；无论是沿海地带，或是西北高原，到处都能看到色泽鲜绿，质地脆软，富有香气的韭菜，四季不断地出现于市场，受到广大群众的

营养丰富的韭菜

欢迎。

韭菜可以利用的部分很多，入冬后用麦草或塑料覆盖，一般在 12 月下旬至第二年 2 月中旬收割上市的鹅黄颜色的叶子，叫"韭黄"，味道特鲜，是冬春佳菜，三四月收割的头刀菜叫"韭白"，五六月收割的二刀菜叫"青韭"，六月后陆续采摘"韭苔"，开花期可采摘"韭花"。韭花花蕾，也可供食用，腌渍后，是很好的小菜。用韭黄、韭菜炒肉、炒鸡蛋、包饺子，分外芳香可口。韭花、青韭、韭菜腌制后别有一番风味。

韭菜营养价值很高，它含有较多的维生素甲、乙、丙，以及其他矿物质钙、磷、铁等，另外还含有挥发性的油分，大量的纤维素，所以有特殊的香味，能调和营养，刺激肠胃，引起消化器官的兴奋，促进食欲。维生素甲的含量最为突出，与大白菜、番茄、菠菜、胡萝卜等蔬菜相比，比大白菜高 44 倍，番茄 11 倍，菠菜、胡萝卜 1 倍多。

韭菜除食用价值外，还可入药。很早以前，我们的祖先就利用韭菜治病。它能补肾益胃，充肺气，散瘀血，治吐血，壮骨舒筋，止痛生肌。《名医别录》记载，韭菜各部分的用途，也是不同的。"韭叶味辛，微酸温无毒，归心，安五脏，除胃中热，病人可久食，种子主治遗精溺白"，而根则能养发。《本草拾遗》里说："韭叶是草钟乳，言其宜人，信然也！"这就说明韭菜对人体有营养之功效。

韭菜原产于中国北方，北方接近于大陆性气候，因而耐寒，具有抵抗霜害能力，适于砂质土壤栽种，甘肃省大部分地方有利于种韭菜，如果采用塑料覆盖，一年四季，都可以吃到新鲜韭菜。

知识链接

《韭花贴》的典故

杨凝式，他是五代时候的重要人物，侍奉了五代的君主（后梁、后唐、后晋、后汉、后周），是陕西关中人，为人比较狂妄且疯癫，人称"杨疯

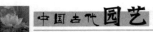

子"（也有记载他为避祸才如此），并且是著名的书法家，师从欧阳询与颜真卿。一天，杨凝式午后醒来，觉得饿了，恰在此时，宫中给他送来了一盘韭花，吃起来十分鲜美，让人难以忘怀。为表达感激皇帝赏赐韭花之情，杨凝式立即写了一封感谢奏折，然后派人送往宫中。杨凝式写这篇奏折时自己也未在意，哪想到后来成为传世之宝，这就是《韭花帖》。

《韭花帖》同王羲之《兰亭序》、颜真卿《祭侄季明文稿》、苏轼《黄州寒食诗帖》、王珣《伯远帖》并称为"天下五大行书"。这些行书都有一个共同的特点，就是作者是怀着一种情感去写的。王羲之的《兰亭序》是在众人喝酒时的尽兴之作；颜真卿《祭侄季明文稿》是侄子战死沙场，满怀悲愤所写，悲愤之情犹在纸上；苏轼的《黄州寒食诗帖》是在苏轼被贬黄州第三年的寒食节，所发的人生之叹；而《韭花帖》是吃了最好的东西后写的。也许平和心态下创作不出伟大的作品，只有作者在极喜、极怒、极忧的情形之下才能写下如此好的作品。

第五章

中国古代园林艺术

　　中国古典园林不仅历史悠久渊源深厚,而且其独树一帜的造园艺术在世界园林史上也享有崇高地位。中国园林雍容华贵和秀丽典雅,不论是谁,只要身临其境,都会受到感染,感受到其中深深浸润着的生气和活力。造园艺术家在园林规划布局的艺术构思精妙绝伦,得宜于对园林的空间与时间序列的苦心经营,结构布局的别具匠心。中国古典园林既是一种艺术形态,也是一种涉及物质层的文化、制度层的文化、艺术层的文化、心态层的文化的载体。要想读懂中国园林,要想欣赏中国园林,就一定要了解中国造园艺术及其理论。

第一节
中国古代园林概述

中国园林的发展

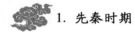

1. 先秦时期

中国园林艺术发轫颇早。传说中的轩辕黄帝就有"元圃""县圃"的构造，因是传说和神话，故不能据用作信史。根据《周礼》："园圃，树之果瓜，时敛而收之。"《说文》："园，树果；圃，树叶也"等说明，可知园、圃是农业上栽培果、蔬的场所，并非是游息的。迄今为止，我们所知道的中国园林最早的形式是商殷时代开始的"囿"。囿是中国古代供帝王贵族进行狩猎、游乐的一种园林形式。通常在选定地域后划出范围，或作界垣。让天然的草木和鸟兽滋生繁育其中，几乎全为天然景物。但也有人工营建的台和沼，分别称为灵台和灵沼，可以说是中国园林掇山理水的雏形。

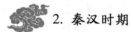

2. 秦汉时期

秦始皇统一中国后，在咸阳大建宫室，从而在"囿"的基础上发展形成了一种带有宫室的园林形式——苑，又称宫苑。如秦始皇在渭水之南造上林苑，苑中建造许多离宫，供游乐之用。还在咸阳"作长池，引渭水……筑土为蓬莱山"（《三秦记》），开创了人工堆山的纪录。到西汉时，汉武帝刘彻大建苑圃。于建元二年（公元前138年）在秦代上林苑的基础上进行扩建。建成后的上林苑规模宏伟，宫室众多，且有多种功能和游乐内容。上林苑地跨长安（今西安）、咸宁、盗屋（今周至）、雩县（今户县）、蓝田 5 县县境，纵横 300 里，几乎囊括了京城长安以南、西南面的广大地域，虽仍保持着射猎游乐的传统，但主要内容已是宫室建筑的园池。

据《史记·孝武本纪》载："其北治大池，建台高二十余丈，名曰太液池，中有蓬莱、方丈、瀛洲、壶梁，像海中神山龟鱼之属。"这种"一池三山"的布局对后世园林有深远影响，并成为创作池山的一种模式。太液池三神山源于神仙方士之说，据之创作了烟波苍茫、山水相映的优美景观，岸边种满水生植物，平沙上禽鸟成群，生意盎然，开后世自然山水宫苑的先河。

西汉时，贵族、官僚、富户的园林也发展起来，却并不普遍。梁考王刘武的东苑，规模虽比秦时的宫苑小，内容仍不脱囿和苑的传统，以建筑组群结合自然山水为主。西汉已开创了以山水配合花木房屋而成园林风景的造园风格。东汉时，大将军梁冀在洛阳广开园圃，园中采土筑山，十里九坂，以像二崤，深林绝涧，有若自然，奇禽驯兽，飞走其间。

3. 隋唐五代十国时期

隋代结束了南北朝的分裂局面。隋炀帝杨广即位后，在东京洛阳大力营建宫殿苑囿。别苑中以大业元年（605 年）兴建的西苑最为著名。隋西苑的布局继承了汉代"一池三山"的形式，在苑中造山为海，海内有蓬莱、方丈、瀛洲诸山。而且，还明显受到南北朝自然山水园的影响，以湖山水系为主体，将台观殿阁等建筑，分布于山上，融于山光水色之中。这是中国园林从建筑宫苑演变到山水建筑宫苑的转折点。

唐朝是中国历史上的全盛时期，国富民强，文化艺术空前繁荣。中国园林得到了很大发展。西京长安、东都洛阳除隋大兴苑、西苑之外，又大建宫苑和离宫别墅。唐代的私家园林也很兴盛。贵族、官僚在西京长安筑园者甚多，大部分均集中在城东南曲江一带。此外，在城的东郊与南郊也有不少私家园林。东都洛阳作为陪都，也是达官贵戚竞相筑园之处。白居易的宅园即建于此；宰相李德裕的私园"平泉山居"则建造在城的南郊。五代十国的割据，虽使社会经济遭受极大的破坏，却使南方某些城市成为当时政治、手工业和商业中心。

4. 宋元时期

宋代的中国虽远不是一个强盛的国家，但在填词和绘画方面颇有成就，

加之政权的日益昏聩腐化，统治阶级追求享乐，造园风气反而更盛。

北宋园林多集中于东京汴梁和西京洛阳两地。汴梁为北宋京城，皇家苑囿都集中于此。宋徽宗政和七年（1117 年）又在京城东北动工兴建历史上著名的宫苑——艮岳，宣和四年（1122 年）竣工，初名万岁山，后改名艮岳、寿岳，或连称寿山艮岳，亦号华阳宫，占地约 750 亩。艮岳主山为寿山，岗连阜属，西延为平夷之岭；有瀑布、溪涧、池沼形成的水系。在这样一个山水兼胜的境域中，造园时突破秦汉以来宫苑"一池三山"的规范，树木花草群植成景，亭台楼阁因势布列，诗情画意融入园中，以典型、概括的山水创作为主题，形成了山水宫苑的新型风格。这在中国园林史上是一大转折。

除艮岳外，大臣贵戚的私园数量就更多了。"都城左近，皆是园圃，百里之内，并无闲地"。被列为汴梁居民探春游览的名园就有 10 余座，其中包括一些太师、太尉、太宰、驸马的园林在内。城东南角陈州门外，园馆尤多。汴梁虽属古代帝都，但各种市民活动明显增多，城市布局已取消里坊制，郊外风景区也逐渐开发，如城东宋门外即有许多市民郊游探春的胜地。

元代统治者因来自草原，原以牧猎为生，故对园外发展不太重视，故此一期园艺技术没有太大发展。

 5. 明清时期

明初建都南京，至明成祖迁都北京，以元大都为基础重建北京。明朝初叶只是对广寒殿、清暑殿和琼华岛上的一些建筑稍加修葺。天顺年间开辟南海，扩充了太液池的范围，完成了北海、中海、南海三海的布局，还在琼华岛上和太液池沿岸增添了许多新建筑物。造园活动主要集中在北京、南京、苏州一带。北京是都城，贵族官僚均聚居于此，因此，除了帝王宫苑外，还营建了不少宅园。

南京是当时的陪都，也建造了不少私家园林。如南京现存的两个古典花园之一的瞻园（另一为天王府中的煦园），就是明初中山王徐达的西花园。当时的苏州虽属一般城市，但由于农业、手工业十分发达，遂成为经济上最富庶的地区，许多官僚地主均在此建造私家宅园，一时形成一个造园的高潮。现存的许多园林如拙政园、留园、艺圃等，都是在这时期建造的。这段时期不仅是苏州，其附近的广大地区，乃至江北的扬州，造园风气都十分兴盛。

明朝以后，清代的造园活动又有长足的发展。尤以康熙、乾隆两个时期为盛。清代北京的皇家苑囿不下 10 处。在城内主要是对明西苑进行许多新建和改建，现在整个三海的格局和园林建筑，主要是乾隆时期完成的，后来虽屡有修葺，只是个别地方有所增减。在西北郊则先后建造了静宜园、静明园、圆明园、畅春园、清漪园等 5 个皇家苑囿。此外，还在承德修建了避暑山庄。清代的皇家园林无论在数量或规模上都远远地超过了明代，实为中国造园史上最兴旺发达的时期。

 中国传统园林艺术特点

中国传统园林有独特的风格，有高度的文化艺术价值。中国园林艺术是伴随着诗歌、绘画艺术而发展起来的，因而它表现出诗情画意的内涵，中国人民又有着崇尚自然、热爱山水的风尚，所以中国园艺又具有师法自然的艺术特征。

 1. 造园之始，意在笔先

这是由中国文学艺术移植而来的。意，可视为意志、意念或意境，对内足以抒己，对外足以感人，它强调了在造园之前必不可少的意匠构思，也就是明确指导思想、造园意图。

 2. 相地合宜，构园得体

凡营造园林，必按地形、地势、地貌的实际情况，考虑园林的性质、规模，强调园有异宜，构思其艺术特征和园景结构。只有合乎地形骨架的规律，才有构园得体的可能。

 3. 因地制宜，随势生机

通过相地，可以取得正确的构园选址。然而在一块土地上，要想协调多种景观的关系，还要靠因地制宜、随势生机和随机应变的手法进行合理布局，这是中国造园艺术的又一特点，也是中国画论中经营位置原则之一。

4. 巧于因借，精在体宜

"因"者，可凭借造园之园，"借"者，藉也。景不限内外，所谓"晴峦

耸秀，绀宇凌空；极目所至，俗则屏之，嘉则收之，不分町疃，尽为烟景……"这种因地、因时借景的做法，大大超越了有限的园林空间。用现代语言来说，就是汇集所有的外围环境的风景要素，拿来为我所用，取得事半功倍的艺术效果。

5. 欲扬先抑，柳暗花明

在造园时，运用影壁、假山、水景等作为入口障景，利用树丛作为隔景，创造地形变化来组织空间的渐进发展，利用道路系统的曲折前进，园林景物的依次出现，利用虚实院墙的隔而不断，利用园中园、景中景的形式等，都可以创造引人入胜的效果。它无形中延长了游览路线，增加了空间层次，给人们带来柳暗花明、绝处逢生的无穷情趣。

6. 起始开合，步移景异

起始开合、步移景异就是创造不同大小类型的空间，通过人们在行进中的视点、视线、视距、视野、视角等随机安排，产生审美心理的变迁，通过移步换景的处理，增加引人入胜的吸引力。风景园林是一个流动的游赏空间，善于在流动中造景，这也是中国园林的特色之一。

7. 小中见大，咫尺山林

小中见大，就是调动景观诸要素之间的关系，通过对比、反衬，造成错觉和联想，达到扩大空间感，形成咫尺山林的效果。这多用于较小园林空间的私家园林。

中国园林特别是江南私家园林，往往因受土地限制，面积较小，故造园者运筹帷幄，小中见大，咫尺山林，巧为因借。近借毗邻，远借山川，仰借日月，俯借水中倒影，园路曲折迂回。利用廊桥花墙分隔成几个相对独立而又串连贯通的空间，此谓园中有园。故园虽小而不见其小，景物有限而联想无限。

8. 虽由人作，宛自天开

无论是寺观园林、皇家园林还是私家庭园，造园者顺应自然、利用自然和仿效自然的主导思想始终不移。认为只要"稍动天机",即可做到"有真为假,作假成真"。无怪乎外国人称中国造园为"巧夺天工"。纵观中国古代造园的范例,巧就巧在顺应天然之理、自然之规。用现代语言描述,就是遵循客观规律,符合自然秩序,撷取天然精华,布局顺理成章。

9. 文景相依, 诗情画意

中国园林艺术之所以流传中外,经久不衰,一是符合自然规律的人文景观,二是具有符合人文情意的诗画文学。"文因景成,景借文传"的说法是有道理的。正是文景相依,才更有生机。同时,也因为古人造园,寓情于景,人们游园又触景生情,到处充满了情景交融的诗情画意,才使中国园林深入人心,流芳百世。

10. 胸有丘壑, 统筹全局

写文章要胸有成竹,而造园者必须胸有丘壑,把握总体,合理布局,贯穿始终。只有统筹兼顾,一气呵成,才有可能创造出一个完整的风景园林体系。造园者必须从大处着眼摆布,小处着手理微,利用隔景、分景、障景划分空间,又用主副轴线对称关系突出主景,用回游线路组织游览,还用统一风格和意境序列贯穿全园。这种原则同样适用于现代风景园林的规划工作,只是现代园林的形式与内容都有较大的变化幅度,以适应现代生活节奏的需要。

中国古典园林的类型

中国的园林发展,历史悠久,博大精深,源远流长。如果从商朝的"囿"开始,至今已有3000多年的历史。在这3000多年的园林发展史中,创造了各种各样类型的园林。按中国古典园林的主要构成要素和风格,大致可分为五类。

1. 自然风景苑囿

这是中国最早期的园林形式。是指以围定的自然景区为主体,并配以少量人为景观的一种园林，其内有自然的山、林、池、沼、河、动物、植物及少量人为开凿的河、沼和人为建筑（土台、房屋、宫室）及人为种植的草、木和畜养的珍禽异兽。这类园林始建于中国的殷商周时代，一般面积比较大，外用篱笆或土墙围定，专供帝王或诸侯们游猎之用。如古籍中记载的夏桀的池囿、商汤的桑林和桐宫、殷纣王的沙丘苑与鹿台、周文王的灵囿等。

2. 宫廷建筑园林

这是指以宫廷建筑为主体，结合人工山水，辅以动物和植物的一种园林，也称皇家园林。这种园林最初为离宫别馆，渐有宫苑、御苑、行宫之类。建筑又渐与人工山水景观相结合，后演变成山水宫苑。这类园囿分内苑和外苑，宫苑和部分御苑都是内苑，而离宫别馆、行宫都是外苑。

3. 陵寺庙观园林

这些园林的选址都是在山明水秀的"风水宝地"之处，与自然景观和人为景观相结合，故也是园林总体的一个分支。现今都是风景区的一部分。

（1）陵园。指帝王的墓地，多呈墓群。从古至清代的帝王都建有自己或其家室的万年吉地——墓地。

（2）墓园。指帝王下属的大臣及历史名人的墓地。

（3）寺园。指为佛教、道教、山川神灵及历史名人而在名山秀水之地修建的纪念性的，以建筑为主体的一种园林。这类园林中的建筑相似于宫殿中的殿堂，其格局多为中国传统的四合院廊院。为方便宗教、祭祀等活动，房间较大。殿堂内多在台座上供奉神灵偶像，墙内有壁画、浮雕等绘画艺术。其外有较长的香道，似人世通向净土、极乐、仙界的阶梯。这类园多选在名山胜地，融合自然景观和人文景观，创造出既富有天然情趣，又能进行宗教活动的

中国宫廷园林

北京潭柘寺景观

独特园林景观。

（4）庙园。为中国古代祭祀用的一种园林建筑，规模有大有小。因为它也多与园林结合，树木以松柏为主，故也是园林总体的一个分支。祭祀华夏祖先的庙有黄帝庙（轩辕庙）、神农庙、尧庙等；奉祀帝王的称宗庙或称太庙；皇帝祭祀天、地、日、月、社稷、先农的称坛庙，如天坛、地坛、日坛、月坛、社稷坛、先农坛等；世家建的庙称家庙；奉祀圣贤的庙，如孔庙、关帝庙、武侯庙、岳王庙、孟姜女庙等；祭祀山川神灵的庙，如五岳神庙、玉皇庙、龙王庙、土地庙、财神庙、马祖庙等。

（5）观园。是道教的庙宇，似如宅院。规模较小，也多修建在风景名胜之地，内植有名贵花木、松柏，配以小桥流水，点缀一些亭榭小品，环境幽雅，也是文人志士来此读书养性的好地方。

 4. 自然山水园林

自然山水园林是以自然景观（山、水）为主体的，配以建筑、古代文化、

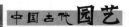

文物等的一种园林。这种园林一般面积
较大，现多开发成风景名胜区，成为旅
游景点。但其类别也不一，各有其特点。
有以山为主体的，如山东泰山、陕西华
山、福建武夷山、江西庐山和井冈山、
安徽黄山等；有以水为主体的，如杭州
西湖、洞庭湖、太湖、长白山的天池、
昆明的滇池、乌鲁木齐的天池、广西桂
林的漓江等。

杭州西湖

 5. 写意山水园

　　这是指已具有诗情画意等审美境界达到最高层次的一种园林，也可称为
文人园林。所属不一，有帝王的，有大臣的，也有私人的；规模不一，少则

颐和园

几亩，大则几十亩、几千亩。小型园多为个人所有，又多与住宅相结合，所以也称宅园或庭园。这些园不论大小，其共同点是立意新颖、取法自然、设计精巧、布局奇妙、结构精细、诗情画意。著名的有南北朝时代南朝梁元帝的湘东苑，北魏洛阳的西游园和方林园，唐代宫苑，东晋时创建的南京华林园，宋代宋徽宗在河南开封建的寿山艮岳（又称万寿山、华阳宫）等。宋代文人苏舜钦在苏州建的沧浪亭。宋代文人在洛阳建的园极多，如董氏邸园（东园、西园）、天王园花园子、归仁园、李氏仁丰园、环溪园、郑公园、湖园等；明代李伟的清华园、定国公的太师园（也称定国公园）、大画家米万钟的勺园、徐达的瞻园、苏州王献臣的拙政园等；清代帝王在北京建的圆明园、避暑山庄、颐和园，私人园有个园、何园、留园、网师园和醉白池等。

第二节
中国古典园林与传统文化

园林文学创作的源泉

　　文学源于生活，美好的自然景观是文学取材的源泉。园林是创作文学的素材，本身也是物化的文章，优美的园林堪称"杰出的诗文"。苏州狮子林揖峰指柏轩后廊砖刻曰"留步养机"，意思是说，请你停下脚步，在此地培养创作的冲动和灵感。园林优美的自然环境，润泽了作家的心田，催化了他们的创作激情，是古代文人诗酒相酬的主要场所。

　　自唐宋以来，许多名人都在西湖留下了脍炙人口的佳作，白居易、苏轼更是与西湖有缘的文士。白居易咏《钱塘湖春行》、苏轼写有《饮湖上初晴后雨》，几乎尽人皆知。宋代苏舜钦在苏州筑沧浪亭，邀欧阳修同游共作沧浪

浣花溪草堂重现

篇，梅尧臣也作《沧浪亭》诗以和之，在文坛成为美谈。苏州庞氏鹤园，由于一度成为著名词家朱祖谋寓居之所，四方名士竞相来访，鹤园成为文人雅集酬唱之地，名噪一时。北京怡园为康熙时大学士王熙别业，是清初名园，《藤阴杂记》记云："怡园跨西、北二城，为宛平王文靖公第。宾朋筋咏之盛，诸名家诗几充栋。胡南召会恩《牡丹》十首，铺张尽致。"这种聚于园、咏于园的风气，历久不衰。

园林培养诗心，激发诗情，形诸诗文。《世说新语·言语》中就有一段记述，简文入华林园，顾谓左右曰："会心处不必在远，翳然林水，便自有濠濮间想也。觉鸟兽禽鱼，自来亲人。"吴兴让在《怡园再观董书石刻》中说："闷来便上习家池，两载几吟百首诗。"就连北京近春园仅剩下的一个角落（荷塘、荒岛），也激发了朱自清先生的文心雅致，从而写下优美的散文《荷塘月色》。可见，园林真成了文人们的寻诗地、寻诗园了。

"诗圣"杜甫一生进行了大量的诗歌创作，在成都浣花溪草堂三年零九个月里，出于对自己苦心营建的草堂的喜爱，创作了240多首名篇。从他的诗名中，人们可大致了解当年的草堂风貌。《江村》诗云："清江一曲抱村流，长夏江村事事幽。自去自来梁上燕，相亲相近水中鸥。"此诗写出了流水环抱、草木青青、燕鸥嬉戏的宅室环境。《绝句四首》（其三）诗云："两个黄鹂鸣翠柳，一行白鹭上青天。窗含西岭千秋雪，门泊东吴万里船。"杜甫写出了居住的感观美，春柳冬雪、西岭青天、码头船夫，都跃然纸上。成都草堂也被后人视为中国文学史上的一块圣地。

江南的寺庙园林很多，在山重水复、柳暗花明之中掩映着金碧辉煌的寺庙。那里幽雅宁静、清逸超尘的环境激发了古代文人的创作灵感，留下了许多脍炙人口的名诗、名文。唐代诗人杜牧的《江南春》云："千里莺啼绿映红，水村山郭酒旗风。南朝四百八十寺，多少楼台烟雨中。"杜牧还有"秋山春雨闲吟处，倚遍江南寺寺楼"，"九华山路云遮寺，青弋江边柳拂桥"一类的诗句。王维的《过香积寺》："泉声咽危石，日色冷青松"，山涧幽深冷僻，诗境渗以淡淡的宗教意识，恬淡飘逸，幽雅静美。杜甫的《上牛头寺》："花浓春寺静，竹细野池幽。何处啼莺切，移时独未休。"花浓竹细，春景如画，莺啼未休，以动衬静。这些诗歌，都是作者在寺庙园林这一独特的氛围中创作出来的佳作。

南宋诗人范成大颇得山水之助。范成大是平江（今苏州）人，性喜游山玩水。他在四川担任制置使，从四川成都回江苏吴县，沿江的园林风光使他文兴大发，写出了文质并佳的《吴船录》。

因为有美好的园林，于是就有优美的游园散文。安徽歙县旧有徐氏"就园"，清代文人王灼写有《游歙西徐氏园记》，描述这个几十亩地的园林如同图画。园内有人工凿的水池，池上横石为桥，以通往来。池西有亭，池南有虚堂。园中"墙阴古桂，交柯连阴，风动影碧，浮映衣袂。"园外"田塍相错，烟墟远树，历历如画。而环歙百余里中，天都、云门、灵、金、黄、罗诸峰，浮青散紫，皆在几席。"这样的文章，让人读起来如同身临其境。

园林理论的基础

中国古典园林不仅历史悠久、风格独特，而且有浩如烟海的文献资料。如园记、游记，还有专门论述园林的专著，这些都是中国宝贵的文化遗产，是人类文明的灿烂结晶。这些丰富的人文景观，可以使游人的想象超越时空的限制。

计成的《园冶》，是中国历史上最重要的一部园林理论著作。传入日本后，被尊为"世界造园学最古名著"。《园冶》对世界造园事业的贡献是多方面的，它总结了中国园林的本质特征和艺术规律。《园冶》中的"从心不从法"的独创精神，"虽由人作，宛自天开"的造园宗旨，"顿开尘外想，拟人画中行"的园林意境说，"巧于因借，精在体宜"的园林结构法等，发前人所未发，对后人具有借鉴作用。

沈复的名著《浮生六记》中，有许多对中国的园林艺术独到的、精辟的见解，最著名的是关于造园中讲究曲折藏露的理论："若夫园亭楼阁，套室回廊，叠石成山，栽花取势，又在小中见大，大中见小，虚中有实，实中有虚，或藏或露，或深或浅，不仅在周回曲折四字……"

文震亨所著《长物志》，可以说是明代苏州地区造园艺术的实践总结。文震亨认为："园林水石，最不可无"，"石令人古，水令人远……一峰则太华千寻，一勺则江湖万里。"把山石作为园林之魂。此外，他还从建筑、书画、植物、器具等方面作了专门的论述，这些在今天仍有颇高的美学价值，在研究、指导工作上具有实际意义。

明代著名文学家王世贞喜好林泉园林，他游历并为之作记的园林也很多，如《游金陵诸园记》《安氏西园记》《灵洞山房记》等，记中闪烁着不少造园理论的光辉。他在家乡江苏太仓建园颇多，最著名的有占地70多亩的"弇山园"，他为该园作记8篇，铺叙园林周围实景即"辅吾园之胜者也"，总写全园景观及特征、园居之苦乐、意境情趣及园名由来等，并介绍筑园之山等。

园借文存，园借文传

中国古典园林到今天已经十不存一，唐园至宋已经难寻，或遭兵车蹂践，废为丘墟，或被烟火焚燎，化为灰烬。今存园林包括寺庙园林中有不少是借历代诗文、小说戏剧等文学描写、渲染而留存的，或者因名诗文作家的声名使其闻名遐迩的。

借名文而规制至今犹存，最典型的是创建于隋开皇十六年（596 年）的"绛守居园池"位于山西省新绛县。这是古绛州的州府衙署后花园，唐穆宗长庆三年（823 年），著名的古文学家、韩门弟子樊宗师任绛州刺史，写了一篇《绛守居园池记》，全文 777 字，但代表了这位"词必己出"的古文家的风格，他将韩愈散文奇崛险怪的语言风格推向了极端，时号"涩体"。后代好奇的文人对此文不断地进行研究、注释，于是文名大盛于世，园林也因此文而著名，自唐至清代光绪年间，知绛州的官员一直对园林有所修葺，修葺者不敢擅自改动原布局，遂使此园规制基本保留了当时的面貌。

知识链接

沈园的故事

浙江绍兴的沈园，因南宋爱国诗人陆游的爱情诗词而至今犹存。陆游约20岁时与表妹唐婉结婚，夫妇感情很好，但由于陆游的母亲不喜欢唐婉，硬将这对夫妇拆开，给陆游一生在精神上造成极大的痛苦，他写了许多诗歌追怀唐婉和这一爱情悲剧。其中有几首"沈园"诗词，尤其哀感悲切。原来，陆游夫妇被迫离异后，陆游另娶，唐婉再嫁，两人却在数年后的一天，于沈园邂逅，悲喜交集。世传陆游在园内墙壁上写了《钗头凤》一词："红酥手，黄縢酒，满城春色宫墙柳。东风恶，欢情薄，一怀愁绪，几年离索。错！错！错！春如旧，人空瘦，泪痕红浥鲛绡透。桃花落，闲池阁，山盟虽在，锦书难托。莫！莫！莫！"据说，唐婉见后，和了一首："世情薄，人情恶，雨过黄昏花易落。晓风干，泪痕残，欲笺心事，独语斜阑。难！难！难！人成各，今非昨，病魂常似秋千索。角声寒，夜阑珊，怕人寻问，咽泪装欢。瞒！瞒！瞒！"今园中有"诗墙"。之后，唐婉抑郁成疾，不久就去世了。后来，陆游多次来此园怀旧凭吊，如南宋绍熙二年（1192年）游后诗曰"坏壁题诗尘漠漠，断云幽梦事茫茫"；直到1199年诗人75岁高龄再游沈园时又作《沈园》诗两首："城上斜阳画角哀，沈园非复旧池台；伤心桥下春波绿，曾是惊鸿照影来。""梦断香消四十年，沈园柳老不吹绵；此身行作稽山土，犹吊遗踪一泫然。"沈园与陆游这位大诗人和他凄婉哀怨的爱情故事永远地联系在一起了，因而名播千秋。今天，园中旧有的亭阁画廊虽已不存，但园中葫芦池，其上的石板小桥以及池边假山、水井等，犹为当年旧物。

中国古代的寺庙在早期服务对象主要是出家僧侣，大约到唐代，寺庙成为一切晓行夜宿的人的居所。甚至可以常年借住。历代文人写下了无数寺庙诗文、碑铭塔颂，其中不乏名篇佳作，使该寺庙与诗文共存，著名的有苏州寒山寺、常熟的破山寺（兴福寺）、杭州的灵隐寺、香积寺、山西的普救寺、晋祠等。

千年古刹：寒山寺

山西永济蒲州镇的"普救寺"，初建于唐代武则天时期，是小说、诗歌、戏剧中张生与崔莺莺爱情故事发生的地方。中唐元稹传奇小说《会真记》载："张生游于蒲，蒲之东十余里有僧舍曰普救寺，张生寓焉。适有崔氏孀妇，将归长安，路出于蒲，亦止兹寺。"影响最大的是元王实甫在金董解元《西厢记》基础上写成的《西厢记》杂剧，使普救寺名声大振，寺庙历代皆有修葺，寺里的舍利塔也改名为莺莺塔。更有意思的是这莺莺塔是中国仅存的八大古回音建筑之一，与意大利的比萨斜塔等并称世界四大奇塔。只要用石块信手相击，塔中就会产生9种奇妙的声学效应，似蛙鸣之声。传说这声音是老夫人受到鞭笞后发出的忏悔声，告诉后人再不要去干棒打鸳鸯的蠢事。普救寺就这样永远与《西厢记》联系在了一起。

位于苏北如皋的水绘园，因为明末清初著名文人、复社成员冒辟疆而至今犹存。冒辟疆携金陵名妓董小宛在此隐居，将旧园重整，使其更具有诗、书、琴、棋气息。冒辟疆在此编辑《四唐诗集》，董小宛天天帮他稽查抄写、潜心批阅选摘。两人一起细品香茗、阅唐诗、读楚辞、抨击世间不平之事。不幸的是结婚仅9年，董小宛就去世了，冒辟疆觉得自己也死了，叹曰："一生清福九年占尽，亦九年折尽矣。"缱绻之情，倾注在著名笔记《影梅庵忆语》一书中。清乾隆年间，盐副使汪之珩重修此园，为凭吊冒辟疆，在洗钵池畔取杜甫"残夜水明楼"诗意建水明楼，楼内陈设一如冒、董当年，有冒、董画像、蜡像、字画古玩，楼下琴台为董氏遗物。

苏州庞氏鹤园，由于一度成为著名词家朱祖谋寓居之所，四方名士来访，鹤园成为文人雅集酬唱之地，名噪一时，园中有朱祖谋手植的引自宣南的紫丁香一株，花开时节，清香满园，芬芳四溢。

这样因文而存的毕竟为数甚少，大量的古园是凭文而传的。唐柳宗元曾不无感慨地说："夫美不自美，因人而彰。兰亭也，不遭右军，则清湍修竹，芜没于空山矣！"园因文存。中国古典园林大多有园记，记叙描写该园的历史和造园艺术，陈从周《中国历代名园记选注·序》说："深叹园与记不可分也。园所以兴游，文所以记事，两者相得益彰。第念历代名园，其存也暂，其毁也速，得以传者胥赖于文。李格非记洛阳名园，千古园记之极则，故园虽荡然，而实有也。"

宋代李格非的《洛阳名园记》，记载了宋时几十个名园，令后人得以想见其貌。宋代李格非在《李氏独乐园记》中讲到司马光的"独乐园"："园卑小，不可与它园班……温公自为之序，诸亭、台诗，颇行于世。所以为人所慕者，不在于园耳。"这个园林有十几个读书堂，有赏竹的亭山，小轩称见山轩，寻丈高的台称钓鱼台，还有采药庵。李格非觉得园子实在太小，但园小名气大，主要在于世人仰慕司马温公的人品，读了他写的该园林诗歌和文章。

清代钱大昕《网师园记》中说："然亭台树石之胜，必待名流宴赏、诗文唱酬以传。"名家题咏和文人唱酬，为中国园林涂抹了一道绚丽多姿的文学色彩，使古典园林在幽静典雅中充分显示出物华文茂，具有了更多的超时代的人文审美因素。从《诗经·灵台》描写周文王苑囿、司马相如骋词《上林赋》、杜牧作《阿房宫赋》到王羲之的《兰亭集序》、白居易的《庐山草堂记》、周密的《吴兴园林记》、李斗的《扬州画舫录》等，园以文传，文以园著，相得益彰。这也正是许多园林之所以能生存、延续到今天的重要因素。正如《重刊园冶序》所说："王侯第宅，罕有留遗甚久者，独于园林之胜，歌咏图绘，传之不朽，一沤一垤，亦往往供人凭吊。"

绘画之道与构园之理

绘画对古典园林有着深远的影响，造园之理和绘画之理是相通的，园林的许多造园理论都源于绘画，绘画对造园的影响主要表现在画理是造园之源；许多古典园林，都有画家的设计和参与、建造。如扬州以前的片石园和万石园，相传为画家石涛所堆叠；明代画家文征明是苏州拙政园主人王献臣的座上宾；中国明代最著名的两位造园家和造园理论家计成和文震亨，也都是画家。

1. 立意

中国画提倡"胸有成竹""意在笔先"，立意是绘画之本。立意是画家经过"外师造化，中得心源"的酝酿创造出既有生命又有美感的作品。"以一点墨，摄山河大地"等画理之精髓，与"片山多致，寸石生情""一峰则太华千寻，一勺则江湖万里"等构园理论完全吻合。所以在某种意义上可以说，造园论就是画论。

画论中指出，山水布局，先从整体出发，大局下手，然后再考虑局部，穿插细节。中国历代绘画理论中谈及的构图规律，疏密、参差、藏露、虚实、呼应、繁简、明暗、曲直、层次及宾主等关系，这些绘画论述成为园林创作的理论基础。

造园中立意是指"因地制宜"的规划思想，计成称之为"相地"。古代的造园家在设计时力求园林中每个观赏点看来都是一幅幅含义深远而有不同层次的画，正所谓"古人构园置景，以体现立意为先"，名师巧匠们，对特定的人文自然环境体察入微，心有所得，然后筹划布局，剪裁景物，开拓意境，形成园林特有的风貌。

2. 取舍

取舍之义，取其本质的美的东西，舍去表面的不舒服的部分，使画面更醒目突出。像潘天寿的《雁荡山花》，"荒山乱石间，几枝野草，数朵闲花"，发掘了闲花野草不易被人觉察到的美的一面，用刚劲的笔法、鲜艳的颜色直

《雁荡山花》

接写在洁白的纸上，背景不着一笔，主题突出，是取舍的典范。

造园常见手法中的障景与借景便是绘画取舍理论的直接运用。借景是中国园林艺术的传统手法，古代早已运用。"借景"作为一种理论概念提出来，则始见于明末著名造园家计成所著《园冶》一书。计成在"兴造论"里提出了"园林巧于因借，精在体宜"，"泉流石注，互相借资"，"俗则屏之，嘉则收之"，"借者园虽别内外，得景则无拘远近"等基本原则。一座园林的面积和空间是有限的，为了扩大景物的深度和广度，丰富游赏的内容，有意识地把园外的景物

"借"到园内视景范围中来。苏州沧浪亭突出的特点之一便是善于借景，通过复廊的漏窗可两面观景，使园外的清水与园内的山林相呼应，将内外景色融为一体。与借景相对应的障景，可用一道高墙把园林围起来，与喧嚣的外界隔绝，自成天地，达到闹中取静、"不出户而壶天自春"的效果。

3. 虚实

中国画非常强调"密不通风，疏可走马"的虚实关系。"虚实者，各段中用笔之详略也。有详处，必要有略处，虚实互用。"虚并非空洞无物，而是靠实来暗示、来衬托。

中国绘画如此，作为中国绘画立体化的中国园林，同样也采用"实者虚之，虚者实之"的艺术手法，通常把园林中的山体、建筑当作"实"，把水面、院落当作"虚"。运用虚实对比，来突破有限的空间，使园林空间曲折变化。一墙之隔是实，粉墙漏窗则是实中有虚；一水之隔为虚，水中岛屿与亭则是虚中有实。或以虚代实，用水面衬托、倒映庭院。如颐和园浩渺的昆明湖，既扩延了整个园林的范围，又使万寿山丰富的景点不显拥塞。或以实代虚，闭塞的墙体开漏窗以拓展通透景区。像狮子林东南角的一段曲廊，廊檐下的墙壁上嵌着一块块石刻及花窗，远望长廊好像园林范围并非到此为止。

画家画远山则无脚，远树则无根，远舟见帆而不见船身，见其片段，不呈全形。扬州珍园的"不系舟"所处地面狭小，实际上只是沿墙构筑了个船头，船头伸出墙外，墙面上方堆嵌了山石，使人觉得船舫刚刚驶出山谷，颇得画理。

4. 透视

中国画的散点透视使得中国画的画面是无限的、流动的、连续的。中国画的这些特点也应用于园林的有限空间，有限的景物通过艺术处理，以及有形有色、有声有味的立体空间塑造，创造出无限意境。绘画是把看到的三度空间形象地在二度空间的纸上表达出来。西方绘画只取景物的一个视角作为透视，中国山水画则采取视点运动的鸟瞰画法，即"散点透视"法，类似电影镜头扫描。这种鸟瞰动态连续风景画构图，能更自由主动地"屈伸变换，穿插映带，蜿蜒曲折"，因而产生了中国画特有的款式：长卷与立轴。

园林中的"远"往往通过层次造景，后景掩映于前景，虚虚实实，"景

深"大了，"远"也就来了。而且这种远，又通过假山、池水、树林等自然之物，使人感觉似身临真山水之中了。唐代大画家王维在《山水论》中说："丈山尺树，寸马分人。远人无目，远树无枝。远山无石，隐隐如眉；远水无波，高与云齐。"但这些画中的"小东西"，决不会使人感到真的小，这是因为透视作用的缘故。所以在园林景观中，几块石头"一叠"便有巍然之感；水不过十余米见方，也能产生汪洋之感。如苏州网师园"月到风来"亭前的大水池，有两个原因使它有汪洋之感：一是它聚而不断，岸处做了数个小小的水湾头，有两处还设了小桥；二是它的池岸叠石，似有太湖之岸的意境。

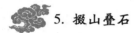

5. 掇山叠石

今存的假山精品都是画家与叠山巧匠根据画理合作而成的。扬州新城花园巷有一"片石山房"，二厅之后，有一方池，池上有太湖石山一座，高五六丈，甚奇峭，相传为清初著名画家石涛和尚手笔。石涛提出"皴有是名，峰亦有是形"，"皴"本是中国画中根据各种山石的形质提炼概括出来的一种用笔墨表现阴阳脉理的特殊线型技法，石涛所说的皴法，已不只是一种笔墨技巧，而是根据表现对象即山石的不同形质，有不同的皴法。他精心选石，再根据石块的大小、石纹的横直，分别组合模拟成真山形状，运用"峰与皴合、皴自峰生"的画论指导叠山，叠成"一峰突起，连冈断堑，变幻顷刻，似续不续"的形态，这座石山被誉为石涛叠山的"人间孤本"。古人云："园林之胜，唯是山与水二物。"叠石造山，小则置一二湖石，"片山多致，寸石生情"，大则峰峦洞壑，绵延成脉，远观有势，近看有质，石无定形，山有定法。中国园林妙在含蓄，一山一石都耐人寻味。

清代方薰在《山静居画论》中说："画石则大小磊叠，山则络脉分支，而后皴之也。"这是山、石及皴法的总纲。至于"画山，于一幅之中先作定一山为主，却从主山分布起伏，余皆气脉连接，形势映带。"《园冶·园说》云："岩峦堆劈石，参差半壁大痴。"叠山及峰石，与绘画一样，也遵循山水画中的"大斧劈""小斧劈"等皴法。山水画石法勾、皴、擦、染、点5个步骤中，皴法是用来表现山石峰峦的结构质感的。"欲显其脉理及阴阳向背，则用皴法"，它丰富多彩，各成体系，标志着山水画的成熟。

"留园三峰"——冠云、岫云、瑞云三峰，其中冠云峰相传为宋朝"花石纲"的遗物，采用的是太湖石，高5米多，玲珑剔透，没有人工斧凿痕迹，兼具瘦、漏、透、皱的特点，有"江南园林峰石之冠"的美誉。名园中又以狮子林的湖石假山为多，园中峰峦起伏，洞壑婉转，奇峰巨石，玲珑剔透。假山群有 21 个洞口，步入其中犹如身处八卦阵，明明山穷水尽，却又柳暗花明，隔洞相视，可望而不可及。

第三节
园林建筑的风格

屋顶与屋脊

中国传统园林建筑屋顶即屋面的形式很多，如庑殿、歇山、悬山、硬山、攒尖、盝顶、单坡顶、重檐、三重檐、勾连搭等以及由这些屋顶组合形成各种各样、丰富而又复杂的形体。在以上诸多屋顶形式当中，有以下 6 种为主要的屋顶形式和重檐屋顶。6 种主要屋顶形式即：庑殿、歇山、悬山、硬山、攒尖和盝顶。重檐屋顶又有双重檐屋顶、三重檐屋顶和多重檐屋顶。

1. 庑殿

庑殿又称四阿顶、四坡顶。其特点是屋面的前后两坡相交形成一条脊，称为正脊，两山屋面与前后坡屋面相交成四条脊，称为垂脊。四条垂脊加上正脊共五条脊，故庑殿又称为五脊殿。

庑殿屋顶形式建筑是古代封建社会等级最高的建筑。主要用于宫殿、庙宇及园林建筑组群当中的主殿与门。

2. 歇山

歇山屋顶形式建筑等级低于庑殿而高于悬山、硬山和盝顶屋顶形式建筑。歇山屋顶形式建筑的屋面也有四个坡，前后两坡相交也形成一条正脊，但两

山屋面则不像庑殿那样呈三角形的一坡，顶部可与正脊相接。歇山屋面的两山分成上下两部分，下面的屋面，呈梯形。上面却是与地面垂直的山花板与博风板形成垂直于地面的三角形。歇山屋顶形式建筑的屋面除正脊外，还有四条垂脊、四条戗脊、两条博脊。垂脊位于前后两坡与山面博风板交接处，而博脊却位于山面梯形坡屋面的上端与山花板、博风板下端交接处。

3. 悬山

悬山屋顶建筑的屋面只有前后两坡，屋面的两端悬挑出山墙或山面屋架以外，故又称作挑山。前后坡屋面相交之处为正脊，屋面的两端起脊称垂脊。

悬山屋顶建筑的等级低于歇山而高于硬山、盝顶建筑。

园林建筑的屋顶

4. 硬山

硬山建筑的屋面也只有前后两坡，与悬山建筑的区别只是屋面的两端没有悬挑，而是直接与山墙相交并将檩木梁架全部封砌在山墙内。硬山建筑也有正脊和垂脊。

屋脊的部位与悬山建筑类似。

悬山屋顶建筑可以没有山墙，而硬山建筑必须砌筑山墙。

5. 攒尖

攒尖建筑是一种尖屋顶的建筑，屋面的顶部交汇为一点，尖部安装有宝顶，宝顶的下部为基座，称宝顶座。上部为顶珠，顶珠有球体、正方体、长方体或多面体等多种形式。园林建筑中各种不同的亭子，如正方亭、六方亭、八方亭、圆亭等多为攒尖建筑。天坛公园内的主体建筑祈年殿均属此种建筑。

采用歇山屋顶形式的建筑也可以称作歇山建筑，采用悬山屋顶的建筑可称为悬山建筑，采用硬山屋顶的建筑称为硬山建筑，采用攒尖屋顶的建筑称为攒尖建筑。

6. 盝顶

盝顶是中国传统建筑中平屋顶与坡屋顶相结合的一种建筑。盝顶建筑屋面的中央位置为平屋顶，屋檐部分为坡屋顶，坡屋顶上端可安装正脊，屋面转角处可安装垂脊。

在中国传统建筑中，只有一层屋檐的屋面称为单檐，如单檐正方亭、单檐歇山等。具有两层屋檐的建筑称为重檐建筑，如重檐歇山、重檐八方亭等。具有三层屋檐的建筑称为三重檐建筑，工匠也称为"三滴水"，如三重檐歇山、三重檐攒尖等，天坛公园祈年殿便属于三重檐攒尖建筑。三重檐建筑可以是单层建筑，也可以是两层建筑或三层建筑。在重檐建筑中，下面一层屋面上端一般做屋脊，该屋脊被称作围脊。除单檐、重檐、三重檐以外还有五重檐、七重檐、九重檐等多重檐建筑。多重檐建筑主要用于楼阁或塔，如北京颐和园的佛香阁、杭州的六合塔等。

中国传统建筑除屋顶具有多种形式以外，屋脊的形式也有一些变化。按照房屋的木构架不同，屋脊形式也不同。屋脊形式主要有两种，一种叫作大屋脊，一种叫作卷棚。大屋脊是指带有正脊的建筑，这种房屋的木构架往往都具有一根脊檩。而卷棚建筑的木屋架一般均有两根平行的脊檩，脊檩上制安弧形的椽子曰罗锅椽，屋面不做正脊，前后坡瓦垄相通，因此也称作过垄脊。卷棚屋面的建筑在园林中使用较多，特别是游廊，如北京颐和园、北海公园、中山公园等公园中的游廊均为卷棚建筑。此外，许多殿堂、轩榭也做成卷棚屋面建筑。

台基

台基即建筑物的基座，又称台明。因中国建筑属高台建筑，故台基较高，做法也很考究。等级较高建筑的台基，除房心（即建筑的实体部分）以外，均用石料砌成，而且还要在上面加以精心雕琢。

台基以石作为主。构成台基的基本石构件主要有：柱顶石（柱础）、台明石（阶条石）、槛垫石、角柱石（北方工匠称为"埋头"）、陡板石、土衬石、台阶石等。台阶又有垂带台阶、如意台阶、山石台阶等不同形式，以垂带台阶的等级为最高。垂带台阶主要有垂带石、象眼石、土衬石、踏跺石、砚窝石等构成。如意台阶主要由踏跺石构成。

最高等级的台基采用须弥座形式，有时还要在须弥座周围安装做工精细

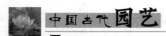
的石栏杆。须弥座由上枋（又称盖板、上枭）、上覆莲、束腰、下覆莲、下枋（又称底板、下枭）、圭角、土衬石组成。上下覆莲往往都雕刻成莲花瓣形式，束腰雕刻宛花结带纹样，其他部分也往往雕刻吉祥草纹样。石栏杆也称石钩阑，明清传统石栏杆主要由望柱（含柱身、望柱头）、栏板（寻杖、宝瓶花等）及地栿构成。

台基较高的垂带台阶，在垂带石上也要安装石栏杆，只不过石栏杆呈坡形，最下面一根望柱外面安装有抱鼓石。不管是水平的石栏杆或是呈坡状的石栏杆，栏杆的结尾均安装有抱鼓石。抱鼓石即可起装饰作用，使石栏杆更加完美，同时也可以辅助栏杆望柱起稳定作用。

各种石构件之间多以各种榫卯及各种铁构件相勾连。

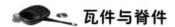

瓦件与脊件

1. 瓦件

瓦是中国传统建筑屋面的主要表层材料，它既起着防水保温的作用，同时又有着极好的装饰效果，另外还便于制作与施工。

瓦件泛指在建筑中所使用的各种样式、各种型号的瓦。

人们常说"秦砖汉瓦"，这是不确切的。实际上，中国在周朝的初期就已在建筑上使用瓦。砖在战国时代就已经出现。

古建筑中使用的瓦主要有两种，一种是用黄黏土烧制而成的，名曰黑瓦、青瓦或灰瓦，这是由于这种瓦的颜色接近黑色（青色）或灰色。也有称其为布瓦的，其得名是由于在生产瓦的传统工艺过程中，用湿布脱胎，因此，烧成的瓦表面印有布纹，故名。现代烧瓦已很少使用布，而以木模或钢模取代，因而瓦表面已很少见到布纹了。黑瓦的瓦件有许多种，如板瓦（也称底瓦）、筒瓦（亦称盖瓦）、猫头（也称勾头）、滴水（亦称滴子），另外还有罗锅、折腰以及花边瓦等，其中大量使用的瓦件主要有板瓦、筒瓦、猫头、滴水、花边瓦。较高等级的屋面，一般均使用筒瓦，称作筒瓦屋面。筒瓦屋面不用花边瓦，花边瓦是用在合瓦（又称阴阳瓦、鸳鸯瓦）屋面的檐口部位，合瓦屋面只用板瓦而不用筒瓦。中国民居传统小式建筑多数使用合瓦屋面。黑瓦的大小以"号"为模数，如1号、2号、10号等。

在中国古代建筑的宫殿、坛庙及皇家园林中，许多建筑还使用一种彩色、光洁而坚硬的瓦，这种瓦就是琉璃瓦。中国早在公元6世纪、北魏时期就已经使用它做屋面。明清时期琉璃瓦使用更加广泛，颜色品种更加多样，并且还出现了许多琉璃门、琉璃牌坊等。琉璃瓦的瓦件与黑瓦瓦件基本相同，但是品种更加丰富、更加齐全。颜色有黑、黄、蓝、绿等多种。琉璃瓦的大小以"样"为模数，如2样、3样乃至9样等。

有些建筑的屋面使用两种颜色的琉璃瓦或黑瓦屋面，周边（檐头部位）使用琉璃瓦，此种做法称作剪边做法。如黄琉璃瓦顶绿琉璃瓦剪边、黑瓦顶绿琉璃瓦剪边等。该种做法在皇家园林建筑中应用较多。

不管是黑瓦屋面还是琉璃瓦屋面，选用瓦件的大小主要是依房屋建筑的等级和大小而定。

2. 脊件

脊件，也属瓦件范畴。脊件是指用在屋面各种屋脊上的砖或瓦件。

黑瓦屋面上的脊件要比琉璃瓦屋面简单得多，有不少构件是用砖或瓦加工而成的。

黑瓦屋面的脊件主要有：正脊两端有正吻，又名吞脊兽，也有使用望兽（正脊兽）的。围脊转角部位有合角吻（合角兽），垂脊上有垂兽（又称截兽）、小兽（又称小跑，有狮、马，脊头为狮子，又称抱头狮子，后面均为马）、套兽等，脊是用砖瓦砍磨后砌成。琉璃瓦屋面的脊件要相对复杂一些，除黑瓦屋面的脊件全都具有以外，各种脊的脊件均很详细，而且脊上的走兽也更富于变化，如脊头小兽是以仙人骑凤抱头，然后按龙、凤、狮、天马、海马、狻猊、獬豸、斗牛、押鱼、行什等顺序排列，小兽的多少依房屋建筑的等级规模、屋脊的长度而定。

小兽的数量，不管黑瓦屋面还是琉璃瓦屋面，其配置均为奇数，而且脊件的大小均与瓦件的大小相匹配。

传统建筑屋面上安装脊兽的作用主要有4点：一是可以密封屋脊的两端，起着固定屋脊的作用，如吞脊兽、正脊兽等；二是可以配合一条屋脊前后的高低变化，起着衔接作用，如截兽；三是可以起到装饰美化作用；四是各种脊兽均为祥瑞兽，具有一定的含义和象征，传说有了它们，建筑可以抵风抗雨、防火防盗，寓意建筑物永固久安、太平无恙。

吞脊兽古代称作吻，明清时改为龙的形象，相传为龙的九子之一，因其性喜四处张望，并有吞噬和喷水的本领，于是工匠便用利剑将其牢牢固定在

古园林的屋脊设计

屋脊的两端，日夜守卫在屋顶上，如遇雷火，即可喷灭。

屋脊上的龙凤表示鸟兽之王，能够驾驭宇宙；狮子表示威武、强健；天马、海马寓意机警、勇敢；押鱼、斗牛可以兴风作雨，镇雷灭火；狻猊可食虎豹，使巨兽顺从，并可以防盗防窃；獬豸可以明辨事理、分辨是非；行什貌似猴子，象征敏捷、智慧。另外，在垂脊前面的垂兽，其力大无穷，并可以瞭望四方，及时发现情况。

攒尖建筑屋面的顶端装有立体造型饰物——宝顶。宝顶既起装饰作用，同时又可扣住雷公柱上端使其不受雨水侵蚀而造成糟朽。雷公柱是攒尖式建筑居中的一根不落地的柱子，柱子下端设有柱头。琉璃瓦屋面使用琉璃或金属镀金宝顶，黑瓦屋面一般采用砖砌，园林建筑中的宝顶往往还雕刻有精美的花纹。

正脊合龙

在传统建筑中，正脊当中的一块筒瓦俗称"龙口"，砌筑这块瓦就称作"合龙"。

按照中国古代风俗习惯，在重要宫殿及庭院正殿的正脊龙口中，经常要放置一个木制或金属的"宝匣"，宝匣内可以放置各种小物品，如五金（多为用金、银、铜、铁、锡制成的元宝各1锭）、五谷（多用稻、麦、黍、粟、豆数粒）、五色线（红、黄、蓝、白、黑丝线各1缕）、药材（以雄黄和川莲为主，另配人参、鹿茸、藏红花、川芎、半夏、知母、黄柏等各3钱），还可以放入珠宝、彩石、铜钱（12枚或24枚）、佛经或施工记录等。讲究的还要在宝匣内再放一个小锡盆，药品放置在锡盆周围。宝匣上再盖一块锡片。

按照传统习俗，合龙时要举行隆重的祭祀仪式，焚香烧纸。"宝物"由未婚男青年（童子）放置。

遇到拆修正脊时，首先要拆下龙口，取出宝匣，妥为保存。拆龙口谓之"请龙口"。清代宫殿翻修时，宝匣要请到工部供奉，等正脊修好合龙时，要重新举行"迎龙口"的祭祀仪式。

民间也有在正脊中央放置"镇物"的习俗。但一般不宜用宝匣，所放物品也多有简化，物品的种类和贵重程度多与房主的经济状况有关，但至少要放置由红布或红纸包着的几枚铜钱。

在正脊龙口中放置镇物的习俗至少在宋代就已经形成了，它反映了古代祈求吉祥喜庆、国泰年丰和消灾辟邪的愿望。

除正脊放置宝匣或镇物外，攒尖建筑的宝顶中往往也要放置，其形式和内容与正脊基本相同。

 墙体

墙体在中国传统建筑中一般不起承重作用而主要起围护、保温作用，同时，墙体还起着很重要的装饰作用。因此，墙体十分讲究。选用不同做法的墙体，也表示着该建筑物的不同等级。

墙体大部分是砌筑在建筑物的两山、后檐及前檐窗子以下部位。两山称作山墙，后檐称作后檐墙，窗子以下称槛墙。山墙与后檐墙上下两段一般选用两种做法，下面一段称作下肩，或称下碱、下截，上面一段称作墙身。大部分建筑的下肩、槛墙均要比墙身的墙体在做法上高出一个等级。在特殊情况下，也有上下选用同种做法的。不管哪种墙体，砖墙均采用蓝砖亦称青砖、灰砖砌筑。

下面给大家介绍几种不同等级、不同做法的墙体。

 1. 干摆

俗称"磨砖对缝"。这种墙体从外表看上去，砖与砖之间没有缝隙。这种墙体是中国传统建筑中等级最高的一种，一般用在特别重要建筑的墙身或较为重要建筑的墙身及下肩、槛墙等处。

干摆墙体的做法是：先将六面体的青砖砍五个面，只留下一个细长面不砍，工匠称为"五扒皮"，将每块砖砍成楔形；然后打磨砌筑，砖与砖摆平，后端需用碎砖块或石片垫"撤"，随砌随灌浆，灰浆全部隐蔽在墙心之中。墙体砌完后还要进行整理打磨。

 2. 丝缝

丝缝墙体外表看上去有很细的缝隙，由于缝细如丝线，故而得名。丝缝

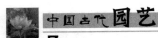
墙的做法基本与干摆做法相同，砖也要进行砍磨后砌筑。丝缝墙则用在较为重要建筑的墙身或重要建筑的下肩、槛墙等处。

 3. 淌白

淌白又分细淌白与糙淌白两种。淌白墙体要比丝缝墙体糙一些，因此等级也低一些。其基本做法是每块砖只砍磨一个面或头，墙体砌完以后不再打磨。淌白墙体通常用作墙的上身使用。

 4. 糙砌

糙砌墙体要比细淌白糙，但要比现代糙砌墙体细得多。糙砌墙体的砖不加砍磨，有时砖与砖相磨曰"砖拉砖"之后砌筑。

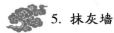 **5. 抹灰墙**

抹灰墙属混水墙。墙的表面抹灰。灰有白灰、青灰、月白灰、红灰、黄灰等多种，也有抹青灰或月白灰后划假缝做成丝缝墙效果的。

 6. 方整石墙

方整石墙是用方整的石块砌筑而成，石块与石块之间用榫卯或铁件锚固。方整石墙体坚固，主要用于攻防围墙、河岸、台基或拦土围墙等。

 7. 虎皮石墙

此种墙是用不规则的石块砌筑的，石块与石块之间的缝隙用灰勾成凸起的灰缝，工匠称为"荞麦棱缝"，从远处望去，好像虎皮的花纹，故名。虎皮石墙在园林中应用十分广泛，除可用做建筑的墙体、台基的陡板以外，还可用做围墙、河墙、拦土墙等。

 8. 花砖墙

花砖墙是用青砖砌成不同纹样的透空或半透空墙。花砖墙由于砖的搭接较少，稳定性不如实墙，故花砖墙一般不高，主要用于建筑组群中局部的围墙、月台四周的矮墙及女儿墙等。

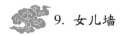

9. 女儿墙

女儿墙是设在平顶屋面上的矮墙。

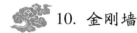

10. 金刚墙

金刚墙是隐蔽而不可见的墙，如被土掩埋的墙等。

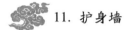

11. 护身墙

护身墙是指设在山路、台阶两侧、高处用来护身的墙。

除以上各种墙体外，园林中还有带各种墙帽的墙，如瓦顶、花瓦顶、花砖顶墙等。

地面

地面分室内地面和室外地面两部分。

传统的室内地面主要有细墁、糙墁、金砖墁地等，室外地面包括散水、甬路、海墁等。

细墁是将墁地的砖经过砍磨后铺砌而成的地面。糙墁是墁地的砖不经砍磨而铺砌的地面。金砖墁地是墁地的砖经过砍磨、铺砌后用黑矾水涂抹地面，然后再用生桐油浸泡，工匠称为"攒生泼墨"。也有用泼墨烫蜡的。金砖墁地是传统建筑中等级较高的一种室内地面做法。

散水是围绕建筑台基外四周铺砌的带状地面。散水的宽度要依该建筑的等级规模不同而不同。

甬路即庭园中的道路。甬路的种类、形式很多，如石路、砖路等。石路中有用方整条石铺砌的方整石路，也有用不规则的石板铺砌成冰裂纹的碎石板路，另有用碎石片陡铺的碎石片路，还有用鹅卵石铺成的鹅卵石路等。砖路中有用方砖铺砌的方砖甬路，也有用砖平铺、陡铺成各种纹样，如人字纹、席纹、回纹等纹样的砖路。其他还有砖石结合的甬路、砖瓦石结合的路等。传统园林中的以砖条瓦条作为骨架，当中铺卧各种颜色的石子的花石子甬路，十分精美。还有用石子勾画出各种纹样或者人物、花鸟鱼虫的甬路，更为精美。

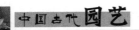
海墁是面积较大的铺装地面，如广场地面。其做法及形式与甬路基本相同，只是面积较大，其功能比甬路范围更广，可用作停留、疏散、活动、聚众的场地。

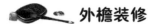 **外檐装修**

装修又称装折，在传统建筑的行业分类中属小木作。装修主要包括：门、窗、栏杆、隔扇、花罩、博古架、天花、藻井等。

装修分内檐装修与外檐装修两种。外檐装修是指直接与室外接触的门、窗等。内檐装修则是指用于室内的隔扇、花罩等。

在檐柱间安装门窗的外檐装修称作"檐里装修"，在金柱间安装门窗的外檐装修称作"金里装修"。

外檐装修包括传统建筑的大门、隔扇门、帘架门、风门、槛窗、支摘窗、随墙门、什锦窗、漏窗、吊挂楣子、坐凳与坐凳楣子以及用于外檐的木栏杆、挂檐等。

大悲殿的 3D 外观图

1. 大门

传统建筑的大门又称中式大门，是通往庭院的主要门户。大门随庭院主人身份的不同，其规格、等级亦不同。一般中式大门主要由槛、框、门扇、余塞板、迎风板（又称走马板）等组成。固定门扇门轴的木构件叫作门龙或连楹，门龙、连楹是由门簪穿插固定在中槛上。门轴的下端固定在门枕（有石作、木作两种）的海窝中，比较讲究的门枕石的门外部分下面有石须弥座、上面做成圆鼓形状的，也有下面是须弥座、上面做成长方形状的，圆鼓及长方体上面雕刻有或卧式、或蹲式、或站式的小狮子。这种门枕石又叫作门鼓石，俗称"门蹲"。门鼓石的四周还有精美的雕刻，其纹样均为吉祥如意的题材。门扇内安装门栓，也有采用门杠栓门的。宫殿或坛庙的大门门扇上还装饰有状如馒头的门钉，门钉木制贴金，门钉一般安装九排（九路），每排九枚，共计81枚，代表无极限的数，表示长生不老、长盛不衰。由于大门的等级不同，门钉也有使用七路或五路的。中式大门在民居中种类较多，如广亮大门（安装在中柱间）、金里大门（安装在金柱间）、蛮子门（安装在檐柱间）等。

2. 外檐隔扇

外檐隔扇一般安装在明间，主要由槛、框、横披、隔扇门、帘架等构成。框是紧抱柱子、垂直方向的木枋，又称抱框，抱框一般由一长一短，即长抱框和短抱框组成。长、短抱框与三条水平方向的木枋构成隔扇的主要框架，这三条水平木枋中，最下面的一根紧贴地面，称作下槛，最上面一根紧贴垫枋，称作上槛，上槛下面、中间的一根木枋称作中槛，又名跨空槛。上槛与中槛之间距离较短，两槛之间又有垂直方向的木枋将其分成三、五等份，这些短木枋称作间柱。上槛、中槛、间柱与短抱框之间的空档处安装横披。中槛、下槛与长抱框之间的空当处安装隔扇。外檐隔扇以四扇为多，其中当中两扇多为可开启的活扇、内开，另外两扇为不能开启的固定死扇。古时开启的两扇隔扇外还要加装帘架，以挂门帘。带有帘架的门又称作帘架门。每一扇隔扇均由边梃、抹头、隔心（又称花心）、绦环板、裙板组成。隔心均由仔边、棂条、玻璃（古代为窗纸）构成。横披与隔心相似，其不同点主要是一横一竖，即横披为横，隔扇为竖。另外，隔心一般由两组纹样棂条组成，而横披只一组。为增强艺术观赏效果，隔扇中的绦环板与裙板往往还在上面雕刻一些吉祥纹

样。在较高大的建筑中，由于门、窗的尺度较大，为增加坚固程度，在门、窗各构件的交接处安装金属面页，面页一般为铜制。为了美观，面页往往又做成带凹凸浮雕效果的云纹龙纹等纹样。门的拉手也由黄铜制成，十分讲究。

3. 槛窗

槛窗的框架也是由长、短抱框及上槛、中槛、间柱与风槛（最下面的木枋）等组成的。风槛下设有榻板（俗称窗台板），上槛、中槛与明间隔扇对应，横披也与明间横披一致。中槛、风槛与抱框之间安装槛窗窗扇。槛窗以四扇为多，中间两扇向内开启，为活扇，两边两扇为死扇，也有各扇槛窗均可开启的。每扇槛窗的结构基本与隔扇门的上半部相同，只是在隔心外面四周加上边梃、上下加抹头、绦环板槛窗一般使用在等级较高或观赏性较强的建筑上。通常安装在殿堂次间、梢间的前檐或前后檐。

根据隔扇门与槛窗的大小，可分为四抹隔扇（即四根抹头）、五抹隔扇、六抹隔扇、三抹槛窗、四抹槛窗等。

隔扇与槛窗抹头的多少，一般与该建筑的规格、等级与大小有关。

4. 支摘窗

支摘窗一般用于殿堂的次间、梢间前檐，广泛应用在民居建筑中，园林建筑也常采用此种装修形式。支摘窗与槛窗区别很大，槛窗的窗扇为四扇竖向长条状矩形，而传统支摘窗的窗扇则为横向方块状矩形，每一开间中分上下左右四扇，均为双层，上扇可支起，下扇能摘下，故名。支扇、摘扇均用在外扇。上支扇糊纸，里扇糊冷布或钉纱。下摘窗有糊纸的，有装薄板的（护窗板），里扇为大玻璃（有大玻璃框带仔边的，有夹杆条大玻璃的等多种），上支窗花心棂条的式样很多，特别是民间建筑的花样尤其丰富，成为一种民间艺术，而且具有浓烈的地方色彩。北方支摘窗以采用步步锦作为窗心的居多。此外，支扇窗心还有斜方格、套方锦、灯笼锦、龟背锦、盘长锦等纹样。支摘窗的结构除上下左右安装有槛框以外，抱框与抱框之间居中安有垂直的木枋即间柱，间柱与抱框之间安装窗扇。风槛下亦为榻板。

5. 吊挂楣子

吊挂楣子一般是安装在金里装修檐柱间的垫枋下。游廊亦多用。坐凳楣子与吊挂楣子相对应，是安装在地面以上的檐柱间。坐凳板紧贴坐凳楣子上皮。吊挂、坐凳楣子都是由边梃、抹头与棂条组成，不安装玻璃。楣子的边梃下端出头，边梃下端出头的部分称为垂头，吊挂楣子的垂头部分进行雕刻，工匠称作"白菜头"。出头部分与下抹头的交接处安装小雀替（又称花牙子），为镂空的三角形饰物。小雀替的纹样很多，一般以松竹梅、蝶恋花、草龙等祥瑞兽、吉祥草为主题。

 ### 6. 随墙门

随墙门是指在墙上开设的门。随墙门有两种，一种是带有门扇，可以开启；另一种是没有门扇、通透的门，故又称作"洞门"。洞门一般不属装修之列。随墙门的形式很多，如方形、圆形、八方形、葫芦形、如意形等。门扇以两扇、四扇屏门为多。门扇的做法与中式大门门扇的做法基本相同，形式很多，如棋盘门，又称攒边门撒带门、实榻门等。攒边门的四周边框有边梃、抹头攒边，门心装板、背后穿带。撒带门是门的一边有边梃，而另一边没有边梃、门心装板。实榻门是指用原木板拼成的实心门或是用木枋做成框架、里外两面用薄板包镶的门等。屏门是一种实榻门，好像四扇的屏风，故称。在传统建筑各类板门的外面通常安装有金属制作用于扣门和开启门的拉手。外形为六角形、上面安装有钮头的称作门钹。外形为圆形并制作成具有凹凸的兽面形象，上面安装有钮头圈子的便称作兽面。

 ### 7. 什锦窗

什锦窗以安装在半壁游廊的墙壁上为多，什锦窗有单面与双面之分。单面窗又称"盲窗"。什锦窗的构造一般有贴脸（即窗口）、边梃、仔边与玻璃组成，玻璃多使用磨砂玻璃，上面往往还加以彩绘，内容以花草为主。窗内可以装灯，晚间即可照明采光，同时还起着极好的装饰效果。所谓什锦窗，即窗子的造型多种多样，一般在同一建筑物中很少有重样。其形状有圆、方、六角、八角、十字、扇面、桃、石榴等。另外还有一种不带窗扇的什锦漏窗或单一形状的透窗，人们从漏窗望过去，可形成一幅画面，故又称为"尺幅窗"，尺幅窗多用于园林。

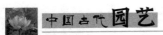

8. 栏杆

栏杆有石栏杆、木栏杆等。这里主要介绍木栏杆。木栏杆的形式很多，但基本上有两种，一种是与石栏杆相似，有望柱、望柱头、寻杖、汉瓶（或荷叶净瓶）、中枋、下枋、绦环板、牙子、地栿等的栏杆。这种木栏杆只是各构件都要比石栏杆纤细。另外一种是只有望柱、望柱头（有时不做柱头）、栏板或者不设望柱、只有栏板的栏杆。栏板是由小木枋构成装饰性很强的纹样，不设寻杖、瓶花。

栏杆用在楼梯两旁的称作楼梯栏杆，用在楼阁外檐柱间的称作护身栏杆，用在坐凳上既可依靠又起护身作用的称作坐凳栏杆，也有称作吴王靠、美人靠或靠背栏杆的，用在平顶屋面上做护身并起装饰作用的称作朝天栏杆。

9. 风门

风门是指形似隔扇，但比隔扇门要宽并可开启的单扇门。风门通常用于居室，一般在门外还安装有垂挂门帘的帘架。

10. 挂檐

挂檐位于平顶屋面的檐头部位或二层建筑首层梁头外部，挂檐是一块顺面阔方向通长的条形木板，因此又称挂檐板。挂檐的装饰手法很多，雕刻十

风雪后的栏杆

分精美。也有不加装饰的，风格朴素、典雅。

知识链接

古代等级制度对门的影响

门的数量的多少显示着王权的至尊威严，凝聚着封建礼仪制度，也展现了宫室建筑规模的宏大。《周礼·天官》中对天子宫室的门制是这样规定的："王宫五门，外曰皋门，二曰雉门，三曰库门，四曰应门，五曰路门。"意思是说皇宫可以建造五重宫门，而诸侯只能建造库门、雉门、路门三重大门。这就是被历代帝王沿用数千年的"五门之制"。

"天子五门"的制度之外，还有九门之说。九为阳数之极，五居中。《易经·乾卦》称："九五，飞龙在天"，是帝王之相，故帝位又称为"九五之尊"。门的数量的多少，显示着王权的至尊威严，凝聚着封建礼仪制度，也表现了宫室建筑规模的宏大，所以历代帝王都非常注重门的设置，并不断追求其建造数量，越是规格高的建筑，门设置得也就越多。唐长安城皇宫（太极宫）中，门的数量，就大大超过了实用性建筑的数量。按《长安志》的记载统计来看，太极宫中称为"门"者，竟达到了其中列名建筑的五分之三。而明清时期北京的紫禁城，更是号称拥有"千门万户"。

衙署等公共建筑的主轴线上，一般最多可以设置三重大门，衙署中的大门、仪门、戒石坊相加起来也是一座门。而普通住宅，则多为二重大门，规模较小的就只有一重大门了。

内檐装修

内檐装修即为室内装修，与外檐装修同属小木作。内檐装修比起外檐装修更为精美，其选材、制作、油饰均比外檐装修更加讲究。内檐装修还往往配上一些字画以及精细的雕刻，透明材料不仅为平板玻璃，也经常使用一些

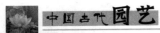
较高级的材料，如磨花玻璃、纱、绢、五彩玻璃等，造成一种高雅、华贵、庄重、古朴、安静、舒适的室内气氛，陶冶人们的情操，给人以美的享受。

我们常见的内檐装修，主要有隔扇（又称碧纱橱）、木板墙隔断（此种隔断一般均刻有诗文及花鸟、山水、古玩等，也有平板糊纸或作画的）、博古架、屏风、花罩、落地罩、栏杆罩、鸡腿罩、炕面罩、天花、藻井等。除吊顶以外，这些装修一般均可以局部拆卸安装或移动，可以机动地组织室内空间，使用起来十分灵活，这是中国传统建筑内檐装修的一个重要特色。

内檐装修由于用材讲究，所以一般不做复杂的油漆，而用木本色打蜡出亮。所用材料有花梨木、紫檀木、金丝楠木、桂木、黄杨木、柏木、色杉木等，更为讲究的还有在装修构件上镶嵌贝壳及铜丝、银丝的，这种工艺称作螺钿。在一组装修中有用一种材料制作，也有用几种材料同时搭配使用的，比如内檐隔扇选用金丝楠木制作边框，而隔心、绦环板、裙板则采用黄杨木或黄柏木制作。再如边框使用杉木，而外面用花梨、紫檀包镶，这种做法盛行于清代乾隆年间。

 ## 1. 内檐隔扇

又称碧纱橱，是指在内檐进深或面阔方向，柱与柱之间用做隔扇的隔断。根据柱间距离的大小不同，隔扇的数量也有所不同，如有六扇、八扇、十扇等隔扇隔断，但均为偶数。内檐隔扇与外檐隔扇的做法基本相同，只是做工更加精细，棂条的断面相对缩小，隔心、绦环板、裙板的花样更加丰富，更加精美耐看。隔心有用夹纱的，也有裱糊字画的。

有的隔扇不做绦环板、裙板，整扇隔扇上下均为隔心，此种装修称为"落地明"。

 ## 2. 落地罩

落地罩的安装位置同隔扇（碧纱橱）。落地罩只有两扇隔扇，分别安装在紧贴两边柱子的抱框上，落地罩没有下槛而是采用须弥座承托隔扇。如顶棚较高，可在中槛以上加横披，横披上还可以加迎风板，隔扇与中槛交接处安装花牙子或小花罩。

炕罩与落地罩基本相同。炕罩也称作炕面罩。

3. 鸡腿罩

鸡腿罩的安装位置亦同隔扇（碧纱橱）。鸡腿罩不使用隔扇，只有横披或者横披以上做迎风板，贴柱子的抱框下端墩在柱顶石的古镜上，中槛与抱框的交接处安装花牙子或花罩。

4. 花罩

花罩分为大花罩和小花罩两种，大花罩两边花腿落地，形似落地罩，下安在须弥座上，须弥座可作雕饰也可不作雕饰。小花罩不落地。

5. 栏杆罩

栏杆罩的安装位置也同隔扇（碧纱橱）。其特点是不用隔扇而用栏杆，栏杆安装在抱框与间柱间的地面以上，中槛与抱框、间柱交接处安花牙子或小花罩。

6. 吊顶

传统建筑的室内吊顶主要有两种，一种叫海墁天花，又称木顶格，即平顶，是用木条组成许多小方格作顶棚，下面糊麻布和白纸。另外一种是井字天花，顶棚是由一个个方井及分割方井的支条组成，支条稍宽，不糊纸，而是在方井心内装天花板，支条露在室内。井字天花表面均施彩画，是古代建筑中等级较高的顶棚装修。还有一种井字天花不施彩画，但支条和天花均选用如楠木等高档木材，天花板下面雕刻有精美的图案纹样，十分华丽。

在传统建筑中，室内不吊顶的建筑其做法被称作："彻上明照"。

7. 藻井

藻井是室内"井"字天花的重点装修部位。多见于宫殿、坛庙、寺院等建筑中的帝王宝座或佛堂佛像顶部天花中央穹然高起、如伞如盖的部分。藻井通常由上、中、下三部分组成，其中最下层为方形、中层为八方形、最上层为圆形。中层与下层四周安装有斗拱。藻井雕刻极为精美、生动，雕刻形

象以龙为多。

内檐装修中的藻井，会对人们产生一种强烈地震撼、冲击作用，使之位于藻井下方的帝王、佛主等更加突显其崇高、伟大而神圣。

第四节
园林建筑的形式

 亭

亭又称亭子。亭是中国园林中运用得最多的一种建筑形式。亭在园林中的作用主要有3种：一是可以起到观景作用，满足人们极目远望的需要，因此，亭子一般均建在有景可观的最佳位置上；二是可以供人们在游览过程中驻足休息、避雨纳凉；三是可以起到景观作用，即从远处望去，亭与周围环境可以构成景点，成为园林中的一处景观。

亭子运用在中国园林中，最早始于南朝和隋唐时期，距今已有约一千五百年的历史。

亭子的造型主要取决于平面形状、平面上的组合及屋顶形式。亭子的类型非常丰富。根据平面形状及平面组合分类，主要有三角亭、四方亭（又称四角亭、正方亭）、长方亭、五方亭（又称五角亭）、六方亭（六角亭）、八方亭（八角亭）、圆亭、桃亭（同圆亭，但台明做成桃形）、十字亭、双环亭（又称套环亭）、双方亭（又称方胜亭）、双六方亭、双八方亭以及半亭等。根据亭子的屋顶形式分类，主要有攒尖式亭、歇山式亭、庑殿顶亭、悬山顶亭、盝顶亭、平顶亭等，但以攒尖顶为多。现代还有将亭做成蘑菇形状的曰"蘑菇亭"，做成伞状的曰"伞亭"等。根据亭的层数分，有单层亭、双层亭、三层亭。中国古代的亭本为单层，两层以上称作楼阁，但后来人们把一些二层或三层类似亭的阁也称为亭。按亭子的檐数分，有单檐亭、重檐亭（两层檐）、三重檐亭等。按亭子的用材分有木亭、竹亭、石亭、茅草亭、石板亭等。根据功能分，主要有观赏休息亭、碑亭、井亭、风雨亭、路亭等。

景亭

三角亭较为少见，杭州西湖"三潭印月"的三角亭、绍兴"鹅池"的三角亭均为单檐三角攒尖亭。

三重檐亭亦较少，北京景山公园内的"万春亭"是皇家园林典型的三重檐四角亭。

关于亭子的运用，一般在设计时都注意以下几个要点：

一是位置的选择尤为重要，无论是山顶、高地、水池、茂林、修竹处或是曲径通幽处，一定要使其置于特定的景物环境之中，要发挥亭子基地小的特点，运用对景、借景的手法，使亭子的位置充分发挥观景与点景的作用。

二是亭子的体量与造型的选择，主要应看它所处的周围环境的大小，因地制宜而定。较小的庭园，亭子不宜过大，但当其作为主要景物中心时，亦不宜过小，在造型上也宜丰富些。周围环境丰富，景观较多时，亭子的造型宜简洁、明了。总之，亭子的体量与造型均要与周围的山石、绿化、水面及附近的建筑有机地配合、协调起来。

三是亭子选用的材料与色彩，亦应力求选用易于配合自然、便于加工的地方性材料，如竹、木、石板、茅草等，以求其自然、朴素，不必过分追求人工的雕琢。

 **廊**

廊又称作廊子、游廊。游廊通常是作为建筑物之间相互联系的纽带而设置的。在中国园林的总体平面中，整个园林可以看作是一个"面"，亭、轩、堂、馆等建筑即是一个"点"，而廊、墙则可成为园林中的"线"，园林中通过这些"线"的联络，可把分散的"点"连系成一个有机的整体，它们与山

石、水面、植物互相配合，可将整个园林的"面"划分成一个个独立的景区，从而增加园林的层次，使其更加丰富。

廊的基本类型：

从廊的平面布局上分，主要有直廊、曲廊、折廊、回廊等。

从廊所处的环境上分，主要有平地游廊、叠落或爬山廊、水廊、桥廊、抄手廊等。抄手廊即北方四合院中连接东、西、南、北房之间的游廊。

从廊的横剖面分，主要有双面空透游廊、单面空透游廊（如半壁廊、房前廊步廊）、封闭廊（又称暖廊）、复廊（墙壁两侧均设廊的双面游廊）、双层廊（又称楼廊）等。从廊的屋顶形式上分，主要有单坡顶廊、两坡顶廊、勾连搭屋面游廊、平顶游廊、悬山顶游廊以及歇山顶游廊等。

传统建筑的游廊一般采用四檩卷棚形式。为区别厅堂建筑，游廊的柱子采用方形断面，四角刻有弧形凹槽，称"梅花柱"。梅花柱一般均涂成绿色。

空透游廊是一种开敞式游廊，廊子的柱间不设门窗或墙体，柱间上安吊挂楣子、下设坐凳板和坐凳楣子，人们既可在廊内通行又可在坐凳上歇息。空透游廊便于向廊外观赏庭园景观。

单面空透游廊，如房前廊步廊，此廊即成为厅堂建筑的组成部分，这种游廊的外侧敞开，内侧则为建筑的门窗或墙。这种游廊可以放在房屋的前面，也可以设在房屋的前后两面，歇山、庑殿形式的建筑，游廊还可安排在房屋的四周。这种游廊要占房屋的一个步架或两个步架。如是半壁游廊，则一侧开敞，开敞的柱间上安吊挂楣子、下设坐凳板及坐凳楣子，另一侧柱间砌墙。多数半壁廊的墙上均开有窗洞或安窗，窗的造型可以各有不同，即什锦窗。

封闭式暖廊，以柱间下做槛墙、上安槛窗者居多。封闭式游廊也可作为爬山廊、叠落或是双层楼廊。

爬山廊又有人叫"爬坡廊"，这种游廊的屋面成斜线，而叠落廊也爬坡，但屋面并不是像爬山廊那样形成顺坡斜线，而是分段水平直线，只是各段标高不同。

桥廊又称廊桥。它即是廊又是桥。廊有做成空透的，柱间上装吊挂楣子，下安护身栏杆或坐凳上加栏杆（又叫吴王靠）。桥廊也可做成封闭的暖廊。

北京颐和园的长廊是空透游廊的一个突出的实例。它建于1750年，1860年被英法联军烧毁，清光绪年间重建。它东起"邀月门"，西至"石丈亭"，共273间，全长728米，是中国园林中最长的廊子。整个长廊北依万寿山，南临昆明湖，把万寿山前山的十几组建筑群有机地联系起来，增加了园林空间的层次和整体感，成为交通的纽带。

北海琼岛北端的"延楼"，是呈半圆形弧状平面的双层楼廊，"延楼"共60个开间，面对北海的水面，环抱着琼岛，东西对称的布局，东起"倚晴楼"，西至"分凉阁"，从湖的西岸看过来，这条两层的长廊仿佛把琼岛北麓各组建筑群联成了一个整体，将整个琼岛簇拥起来，游廊塔影倒映水中，景色秀丽。从廊上向远望去，水天一碧，五龙亭远卧水中，金鳞碧影。

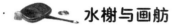 水榭与画舫

 1. 水榭

在中国建筑中，榭是指建筑在台上的房屋。水榭是由于建在水边的平台上，故称为水榭。园林中的水榭设在水上或临水、可供人休息及观赏水景的建筑。还有一些水榭，在功能上还作为休息室、茶室、接待室、音乐厅、舞台等。

水榭的基本形式是在水边架起一个平台，平台一半伸入水中，一半架立于岸边，平台四周以低矮的栏杆围绕，然后在平台上建起一个平面通常为长方形的单体建筑物。临水一侧一般开敞，有时建筑物四周都安装有门窗。建筑的屋顶以歇山卷棚形式居多。

北方较为典型的水榭，如：北京颐和园谐趣园中的"洗秋""饮绿"水榭，"对鸥舫"和"鱼藻轩"水榭；北海公园内的"濠濮间"水榭；北京中山公园的"水榭"等。北京紫竹院公园及陶然亭公园也建了"水榭"。

南方园林中的水榭也很多，除古典园林如苏州的拙政园的"芙蓉榭"、怡园的"藕香榭"、杭州的"平湖秋月"等以外，还有许多新建的水榭，如南京中山陵水榭、上海西郊公园的荷花池水榭、南京盆景园水榭、广州兰圃水榭等都是较为成功的。

2. 画舫

画舫也称作舫，舫作为一种建筑，主要用于园林当中。舫是依照船的造型在园林湖泊中建造起来的一种船形建筑物，舫的前半部多三面环水，船头

秀美和谐的画舫建筑

一侧常设有平桥与岸相连。船体通常下部石砌，上部船舱木构。舫的建筑好似停泊在岸边的船，但不能动。它的功能与水榭相似，主要供人们在舫内游玩饮宴、观赏水景。身临其中，颇有一种乘船荡漾在水中的感觉，极富情趣。

北方园林中较为著名的有颐和园的"清宴舫"，全长 36 米，船体用巨大的方整石块砌筑而成，上部的舱楼原本是木构的船舱式样，分前、中、后舱，局部为楼阁。它的位置选得很妙，从昆明湖上望去，很像从后湖开过来的一条大船。1860 年被英法联军烧毁后，重建时才改成现在的西洋楼式样。

南方园林中比较典型的有苏州拙政园的"香州"、怡园的"画舫斋"等。

广东星湖公园中的两个石舫，一前一后，前面一个供游人进餐、小吃，后面一个为厨房、后勤，船舱为两层。广州白云山冰室"凌香馆"，完全架空于水上，仿船形，船底紧贴水面。

另外，在具有较大水面的园林中，往往还配备有可供人们在水上游览、可以移动、带顶棚的游船，这种游船也称作"舫"。其装饰装修华美的亦可称作画舫。

然而，从建筑学和造园艺术的角度上说，画舫通常是特指仿船型的固定建筑。

 门

这里主要介绍 3 种门，一种是垂花门、一种是棱角门、一种是随墙门。传统建筑的中式大门已经在装修一章中做了介绍。

 1. 垂花门

垂花门是指檐柱前或檐柱前后带有不落地的垂柱的门。因垂柱往往安装有雕花的垂头，故称垂花门。垂花门主要用在北方四合院的内院的中轴线上或园林建筑当中甬路与游廊交叉的"门"的部位上。

垂花门的类型主要有单排柱单屋脊垂花门、双排柱单屋脊垂花门、双排柱一殿一卷垂花门、双排柱双卷棚垂花门以及单开间垂花门、三开间垂花门、五开间垂花门等。垂花门多为悬山建筑。

　　单排柱单屋脊垂花门前后均设有垂柱，檐柱（中柱）间安装上、中、下槛、长抱框、短抱框、间柱，上、中槛间安装迎风板，中下槛、间柱之间下安装双扇棋盘门，中下槛、间柱长抱框之间安装抹头、绦环板、余塞板，中槛上、间柱间前面插有门替、后有连楹（曲线连楹又称门龙），下槛在门轴处安有门枕（有石有木）。单排柱垂花门的檐柱（中柱）多插立在前后带有壶瓶牙子及抱鼓的滚墩石上。垂柱之间上有檐垫枋、下有帘笼枋，两枋中间安装间柱（又称折柱）及花板（绦环板），帘笼枋下紧贴垂柱安装雀替。垂柱与檐柱（中柱）之间也有随梁坊、穿插坊、花板及骑马雀替。檐柱（中柱）与梁十字相交，梁上、中柱两侧安装角背稳定。中柱上承脊檩一根，梁头承挑檐檩，前后各一根。檩上钉椽望，上做屋面。正脊多用清水脊，脊头上有蝎尾，下有砖雕花活，曰："雕花盘子"，有"平草"和"跨草"两种。

　　双排柱垂花门前半部与单柱垂花门基本相同，后半部与游廊构造基本相似，只是后檐柱间安装槛框与屏门四扇。屏门平日关闭，只是待有重大活动或搬运大件物品时使用。

 **2. 棱角门**

　　棱角门多使用在四合院或园林之中。它与垂花门的主要区别是：棱角门没有垂柱；棱角门在进深方向只有单柱而无双柱；以棱角木替代梁，中柱上方与棱角木头部上方安檩、檩上钉椽望。棱角门的屋面较为简单，多不用瓦，而以薄铁皮代底瓦、椽头剪出滴水，上钉筒瓦状木条。

 3. 随墙门

　　随墙门是指在墙中开设的门。随墙门有洞门及实门两种。门的形式很多，如圆形、方形、八方形、如意形、汉瓶形、葫芦形等。随墙洞门一般均有过梁、门洞或门筒，门筒有砖制、木制、石制之分。随墙实门在门洞上设过梁，门洞内安装槛框、屏门，门扇以两扇、四扇为多。屏门一般为实榻门。

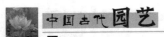
 牌楼

牌楼又称牌坊。牌楼由于做工精巧，造型优美，因此，具有较高的观赏价值。牌楼一般是作为门来使用，同时又带有较强的指示性或纪念性。古代牌楼多用在宫殿、行宫、坛庙、皇家园林、陵墓的出入口、城市中较繁华的街口、商业店铺的铺面等处，民间还常为贞节烈女立贞节牌坊。

牌楼的种类、形式很多。

按所用材料分类，有木牌楼、石牌楼、琉璃牌楼、砖牌楼、石木混合牌楼、砖木混合牌楼等。近代还出现了不少用钢筋混凝土作为主体结构的牌楼。

按建筑造型分类，有柱不出头牌楼、柱出头牌楼两种。柱出头牌楼又称作"冲天牌楼"或"通天牌楼"，主要有单间两柱一楼、二柱带跨楼、三间四柱三楼牌楼等。柱不出头牌楼主要有三间四柱三楼、三间四柱七楼牌楼等。

柱不出头牌楼造型的基本构造主要有中柱（也称明柱）、边柱、戗杆、夹杆石、高拱柱、龙门枋、大额枋、小额枋、间柱（又称折柱）、花板、雀替、斗拱及门楼（即屋顶）组成。柱出头牌楼的柱子上端套有云冠，带跨楼牌楼的边柱悬挑、不落地。不管哪种形式的牌楼，门楼一般均设铁制的挺钩加以支撑。三间四柱七楼牌楼的各个门楼均有不同的叫法。明间上的门楼称为明楼，次间上的门楼称作次楼，明楼与次楼之间的门楼称为夹楼，最外面两端的门楼称作边楼。

 塔

塔是中国古代寺庙园林风景名胜中经常可以见到的园林建筑。塔起源于古代印度，是佛教中神佛的象征。

塔在中国南北朝以前称作"堵波"或"浮图"，是古代印度的音译。隋唐以后才有了"塔"的名称，普遍地称作"塔"是在宋、元时期。

塔的种类很多，但大体上可以分为以下几种：

 1. 单层塔

绝大多数都是墓塔，俗称和尚坟。这种塔一般都不高，最大的也不过十

来米高。墓塔成群出现，即形成"塔院"或"塔林"。墓塔不一定都建造在室外，也有不少墓塔是被供奉在大殿或经堂里。

2. 楼阁式塔

又称作高层塔、多层塔。有木构、砖木构、全砖构及砖石构等，不管使用何种材料，但它们的形制都是摹仿木构建造的。楼阁式塔的特点是每层都要装有门窗并可登临。塔的层数有 3、5、7、9，均为奇数。

现存的多层塔实物较多，较著名的有江苏苏州虎丘的云岩寺塔，建于公元 976—983 年，由于塔身倾斜，被称为东方斜塔。苏州罗汉院双塔，建于公元 982 年。苏州报恩寺塔，建于公元 12 世纪。江苏镇江金山寺慈寿塔，公元 1900 年重建。浙江杭州六和塔，始建于公元 970 年。上海龙华塔，建于公元 977 年。松江兴圣教寺方塔，建于公元 11 世纪。陕西西安慈恩寺大雁塔，建于公元 562 年。陕西西安兴教寺玄奘塔，建于公元 669 年。河北定县开元寺了敌塔，建于公元 1055 年等。

3. 密檐式塔

与楼阁式塔均属高大型佛塔，但两者的形制特征却完全不同。密檐式塔的底层塔身特别高，一般要占全塔总高的 1/4 到 1/2 左右。第二层以上是密集的塔檐。塔檐通常为 11 层或 13 层，甚至多到 15 层，也有 9 层以下的。密檐式塔大多都不能或不适于登临眺望。平面为四角形是密檐式塔的最早形制。陕西西安荐福寺小雁塔，建于公元 684 年，是唐代密檐式塔的著名遗例。辽、金时期，塔的平面由四角改为八角，个别也有六角乃至十二角形的。塔身和塔檐也多仿木构建筑的形式，塔身下部用须弥座承托。12 世纪创建的辽代北京天宁寺塔，它的整体造型十分富有节奏感，是辽、金时期密檐式塔中最为成功的一例。

4. 喇嘛塔

又称瓶形塔、喇嘛教式塔。喇嘛塔不论大小，它们的基本形式都是一样的，最下面是整个塔的基座，基座上面是塔身，学名称覆钵，俗称"塔肚子"，塔身上面是相轮座，又称"塔脖子"。相轮座上面立着圆锥形相轮，即

"十三天"，最上面是青铜伞盖、流苏、宝瓶，明中叶以后做成天盘、地盘和日月火焰。著名的喇嘛塔有北京妙应寺白塔、北京北海琼华岛白塔、山西五台山塔院寺大白塔等。

 5. 金刚宝座塔

是用来礼拜金刚界五方佛的象征性建筑物。五方佛分别代表理性、觉性、平等性、智慧和事业，所以又被称作"五智如来"。金刚宝座塔塔座以上，塔的形式可以是喇嘛塔，也可以是密檐塔，还可以是"缅寺"塔或楼阁式塔。北京五塔寺院内的金刚宝座塔是这种塔中的代表作。北京碧云寺内金刚宝座塔建于公元1748年，高34.7米，全部用汉白玉石砌成。下两层为塔基，塔座上筑有两座小型喇嘛塔和五座十三层密檐式方塔。1929年，孙中山先生生前的衣冠封葬于塔基内，是为衣冠冢。

 知识链接

佛塔的起源

相传，佛祖释迦牟尼"灭度"后，他的弟子将其尸骨火化，意外地得到许多五彩晶莹、击之不碎的"舍利"，人们便捡起这些"舍利"，把它们分成8份分别在释迦牟尼生前主要活动过的8个地方掩埋起来，并聚土垒石为台，作为缅怀和礼拜这位佛教创始人的纪念性建筑物。这就是佛塔的起源。从现存佛塔的实例看，并非都是掩埋佛"舍利"的。有的塔内是掩埋所谓释迦牟尼的遗物；有的塔内瘗藏着整部经卷；有的塔内是一座经幢；有的塔内是一句经文。总之，建塔法物十分繁多。现在看来，凡是可以引起对佛的思念的物品，都可以作为"舍利"拿来建塔。

第五节
园林建筑的组合

 桥与假山

 1. 桥

园林中的桥种类很多,从使用的材料上分类,有木桥、石桥、竹桥、铁桥、砖拱桥等。从形式上分类,有直桥、曲桥、平桥、拱桥、吊桥、单孔桥及多孔桥等。中国西南许多地区还建有风雨桥。

在有些桥上还建有亭、廊乃至楼阁。

2. 假山

在中国风景园林中经常出现假山。假山,是指用人工堆起来的山。园林中的假山,是自然界真山的艺术再现。

古时,人们并不懂得用人工来堆山,只是由于开掘沟渠、疏通河道,挖出大量的土方堆积起来,形成高阜,时间一长,便在上面生长出草木,很像一座真山,于是人们才逐渐发现了用人工堆山的方法。这一方法在中国究竟从何时开始,不可得知。但在孔子的《论语》中已有"为山九仞,功亏一篑"的说法,可见早在三千年以前,中国劳动人民就已经用人工来堆山了。

自然界的真山,大体上可以归纳为土山、石山和土石混合的土石山3类。人们在懂得用人工堆山之后,便进一步来摹仿真山,找出真山中的某些特点或者个别景物的规律,通过提炼加工,使它再现于园林,于是中国园林中的假山，就成为一种具有高度艺术性的造园手段之一。

假山按其位置分类，主要有园山、厅山、楼山、阁山、书房山、内室山、池山、峭壁山等。关于假山的堆叠方法，历代很少有专门著述，唯有明代计成在其所著《园冶》一书中列入"掇山"一章；写得比较具体。清初李渔在他所写的《闲情偶寄》里也谈到园林假山。假山中的叠石很有技巧。

人们在创作假山的实践中，不断总结经验，如"一真""两宜""三远""四不可""五提倡""六忌""七类型""八步骤""九种材""十要"等。

一真：即仿真。假山仿真山，假山是自然界真山的再现；

两宜：即造型宜朴素自然、手法宜简洁明了；

三远：即高远、深远、平远。高远，前高后低、山头呈"之"字形。深远，两山并峙、犬牙交错。平远，平岗小阜、错落蜿蜒；

四不可：石不可杂、纹不可乱、块不可匀、缝不可多；

五提倡：提倡就近取材、提倡以少胜多、提倡以小见大、提倡配树而华、提倡纹拙质坚；

六忌：忌如香炉蜡烛、忌如笔架花瓶、忌如刀山剑树、忌如城郭堡垒、忌如鼠穴蚁蛭、忌如铜墙铁壁；

七类型：即土山、石山、土石山、群山、孤山、孤置石（景石、品石）、裸露石（露岩石）；

八步骤：即相石、估重、奠基、立峰、压叠、理洞、刹垫、拓缝；

九种材：即堆叠假山的石材，"九"表示很多很多，如太湖石、青石、黄石、白石、象皮石、英石、花岗石、笋石等；

十要：要有宾主、要有层次、要有起伏、要有曲折、要有凹凸、要有顾盼、要有呼应、要有疏密、要有轻重、要有虚实。

石，亦是庭园造景的重要素材之一，古有"园可无山，不可无石""石配树而华，树配石而坚"的说法，可见，园林中对石的运用是很讲究的。

在园林中，可以单独构成景观的石称为景石或品石。品石的种类与假山叠石所用的种类基本相同。宋代《杜绾石谱》中罗列的品石多达一百多种，不过较典型较常见的石种主要有太湖石、锦川石、黄石、蜡石、英石、花岗石等，古时极具特色的灵璧石，现已不易得到。

太湖石，在园林中应用较早亦较多，尤其是在皇家园林中可称为主要石种。太湖石原产自古洞庭湖，石在水中因波浪激打而洞空，经久浸灌而光莹，质坚表润、叩击有声，可见真正的太湖石是十分珍贵的。近年园林中使用的所谓太湖石亦有孔洞，然表不润而声不清，多属产自山上的旱石，仅得其形。

锦川石，表似松皮状如笋，俗称石笋或笋石。园内花丛竹林间散点其间有如雨后春笋，很有情趣。现在锦川石不易得，近年来出现人工仿制的锦川石，很像真石，造园效果也不错。

黄石，质坚色黄，石纹朴拙，中国很多地区均有出产。黄石叠山，风格粗犷、富有野趣。北海公园静心斋中假山即选用黄石堆叠。黄石尤宜掇秋山，与秋色植物搭配，可形成浓烈的秋景山色。

蜡石，呈黄色，表面油润如蜡，其形体浑圆。蜡石常散置于草坪、池旁或树荫下，既可代替坐凳，又可观赏。

英石，产于广东英德县，故称。英石质坚而润，色泽呈浅灰黑色，纹理自然，大块英石可用来堆砌假山，小块奇巧的英石可作为几案山石小景陈设。

花岗石，中国许多地区均有出产。花岗石石质坚硬、色呈灰褐，除可作山石景外，还可作其他建筑材料。以花岗石做石景，给人以粗犷、淳朴、自然之感。采用花岗石做建筑的台明台阶，以自然形态的花岗石布置庭园石景，效果尤为协调自然。

古典皇家园林中的景石，以太湖石居多，但也有选用其他石材的，它们往往都安置在石基座上，基座大都采用须弥座形式，上面还加以雕饰。景石上多刻有景石的名称。景石的名称均取自该石的形状特征，寄意于形。如北京中山公园的"绘月"石，石名为清代乾隆皇帝所起，石中有一较大天然孔洞酷似圆月，故称。再如"搴芝"石、"青云片""青莲朵"等均属名石，这些景石都是圆明园的遗留物。

中国江南的三大名石被誉为"江南三峰"，亦为景石，它们是：苏州留园的"瑞云峰"、杭州花圃的"绉云峰"和上海豫园的"玉玲珑"。这些景石，造型奇特、意境深邃，置于庭中，成为庭园的景观中心。

窗洞口与花窗

门的洞口形式主要有以下4种：

曲线型：如月洞门（也称月亮门）、半月门、汉瓶门、葫芦门、剑环门、梅花门、莲花门、如意门、贝叶门等；

直线型：如方门、六方门、八方门等；

混合型：这种门洞或以直线或以曲线为主体，在转折部位加入曲线段与直线段连接、将某些直线变成曲线或曲线变成直线；

自由型：这种门洞比混合型更具有灵活性，洞口往往采取不对称的格局，造型自由，富于变化。

窗洞的变化，其形式与门洞基本相同。由于窗子不受人流通行的影响，因此形式较门洞更加灵活多变，不拘一格。

花窗是园林建筑中特别是墙体的重要装饰小品。窗洞主要起框景作用，而花窗则要自身成景。

花窗大体上可以分为两类，一类是几何形透空花窗，一类是有主题形象的透空花窗，主题形象大都选择花卉、鸟兽、山水等图案。

花窗的纹样可以选用多种材料制作，如砖瓦、金属、钢筋混凝土、陶瓷、玻璃制品、琉璃制品等。

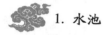

墙与装饰隔断

墙在园林中，是用作围挡和屏障的常用手段。传统园林中的粉墙与植物、山石巧妙配合，以壁为纸，石木为绘，可取得极佳的效果。

现代园林的墙比传统园林的墙在做法上更加丰富，如选用马赛克拼贴成各种图案的墙、贴大理石碎片的墙、粘卵石的墙、毛石墙、水刷石面墙、贴竹片墙、贴树片墙、彩色水泥画面墙等。

装饰隔断是园林建筑中组织空间的一个重要手段，它可以使园林建筑空间处理得透而不空、封而不闭、似有非有、似隔非隔，从而创造出既丰富而又有层次的园林空间。装饰隔断主要源于中国古代建筑的博古架、落地罩。其使用材料多种多样，如使用木材、金属、玻璃、塑料、琉璃、混凝土等。

装饰隔断的式样很多，主要可分为博古架式、栅栏式、组合式、主题式等。

水池、花池、小桥与汀步

1. 水池

现代园林中的水池以喷泉水池、叠落水池居多。水池可以使庭园富于生气，是现代园林造园的重要手段。喷泉有人工与自然之分。自然喷泉以涌泉为主要特点，是大自然的奇观，属珍贵的风景资源。人工喷泉源流于西方，多结合人物、动物或其他某些神话故事为题材的雕塑。人工喷泉水池中，有一些则采取叠落水池形式，水从高处层层叠落下来，形成水帘，给人们带来美的享受。人工喷泉的设计非常讲究，除对水池的位置、形状与高度进行精心安排外，还对喷头、水柱、水花、喷射强度、喷射轨迹以及综合形象、综合效果等都要进行精心处理。近年来，许多地方还采用电脑控制，并随音乐、灯光色彩变换的韵律、节奏不断变换效果的喷泉——程控音乐喷泉和声控音乐喷泉，深受人们的喜爱。

2. 花池

花池不仅可以单独使用，还可以起到点缀作用，从而给园林增添生气。花池的形式很多，如有单体的花池，也有组合的花池，也有与踏步组合的花池，还有与水体组合的花池，也有与坐凳路椅结合的花池。

花池所使用的材料也有许多种，如有用不规则的毛石或山石砌筑的，也有用规则的方整石砌筑的，有用混凝土预制块砌筑的，也有用砖砌筑，表面采用瓷砖、陶砖、马赛克以及干黏石、卵石、水刷石进行装修等。

较高的花池则称作花台。

3. 小桥

庭园中的桥多采用小桥或汀步。桥的形式主要有平桥、拱桥及吊桥。吊桥是以桥的墩柱为支点，向下悬吊的桥。拱桥又称拱券桥、罗锅桥，是带有拱券的桥。平桥有直线平桥和曲折平桥两种。直线平桥，又称一字平桥。曲折平桥有两折（三曲）、三折或多折（如九曲）等。平桥可高可低，可两侧设栏杆，也可单侧设栏杆或两侧均不设栏杆。不设栏杆的平桥与汀步宜用于浅水水池。

4. 汀步

在庭园中人们脚踏汀步涉水，别有一番情趣。汀步的形式亦很多，如有采用自然山石砌筑的汀步、有采用方整石砌筑的汀步、有采用混凝土仿树桩的汀步或仿荷叶形的汀步等。

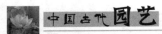

水池假山共添秀景

 棚架、栏杆、阶梯与蹬道

1. 棚架

棚架又称花架，是中国园林中应用十分广泛、而且又是与园林植物结合得十分紧密的一种园林小品建筑。

棚架的种类很多，从用材上分有木棚架、竹棚架、铁棚架、石棚架及钢筋混凝土棚架等。从棚架的形式上分有单面棚架、双面棚架、十字棚架、工字棚架、万字棚架、环形棚架、伞状棚架等。从棚架所用植物材料上分，有葡萄棚架、藤萝棚架、蔷薇棚架、瓜蒌棚架等。

棚架还可以与坐凳结合，夏天既可乘凉又可休息。与台结合还可以做外观景。在现实生活中，还有与橱窗、坐凳相结合的棚架，亦很受群众欢迎。

2. 栏杆

园林中的栏杆除其自身所具防护、围挡功能外，还具有观赏的功能。栏杆的造型和风格与其所用材料密切相关。

栏杆选材大体有以下几种：天然石材栏杆、人造石材栏杆、钢筋混凝土栏杆、金属栏杆、木材栏杆、竹材栏杆和砖栏杆等。

 3. 阶梯

阶梯是建筑作为垂直方向联系的手段。园林建筑的阶梯，如处理巧妙，本身即可构成一个景点。

阶梯的形式主要有悬挑阶梯、半开敞阶梯及旋梯。悬挑梯是三面凌空的阶梯。半开敞梯一般向庭园方向敞开一到两个面，通过隔断或玻璃墙使梯内外的庭园景色融为一体。旋梯即为旋转而上的阶梯，这种阶梯具有强烈的动感。

 4. 蹬道、 石梯

在园林中多把石级与堆山叠石结合起来，使其与园林环境、建筑物的布局有机地融合在一起。蹬道、石梯上绕以攀缘植物并配以其他绿化，可以取得生动、自然的景观效果。

 庭园灯、庭园凳与雕塑小品

 1. 庭园灯

庭园灯在园林中也具有双重作用，夜间可以照明，白天又可以构成景观，具有装饰效果。庭园灯的造型可以不拘一格，但应能防御风雨并与庭园的格调协调一致。

 2. 庭园凳

庭园中的坐凳除可供人休息以外，还具有组景、点景作用。坐凳的形式及使用的材料很丰富，如石桌、石凳、陶桌、陶凳、琉璃桌凳及混凝土仿各种造型的桌凳等。

3. 园林雕塑小品

园林中的雕塑小品主要是指观赏性较强的小品雕塑，不包括大型纪念性雕塑。园林小品雕塑题材大都是人物或动物的形象，也有植物、山石以及抽象的几何形体等。

在造园艺术中，不论中外园林几乎都成功地融合了雕塑艺术的成就。在中国传统建筑园林中，尽管那些石狮、石龟、铜牛、铜鹤、铜狻猊、铜仙人、承露盘等的配置带有一定的神秘色彩，但大多都具有较高的观赏价值，有助于提高园林环境的艺术情趣。

园林雕塑小品还包括塑成树桩的桌凳、栏杆、人工假山石以及运用雕塑艺术手段处理的指路牌、果皮箱、饮水器等。

知识链接

苏州狮子林假山

狮子林是苏州四大名园之一，面积约 15 亩；园内湖石假山出神入化、奇秀幽趣，被世人誉为"假山王国"。

狮子林假山是中国古典园林中堆山最曲折、最复杂的实例之一；园中最高峰为"狮子峰"，另有"含晖""吐月"等名峰，假山群气势磅礴，以"皱、透、漏、瘦、丑"的太湖石堆叠的假山，玲珑俊秀，洞壑盘旋。共有 9 条山路、21 个洞口。

清代学者俞樾赞誉狮子林"五复五反看不足，九上九下游未全"。当代园林专家童俊评述狮子林假山"盘环曲折，登降不遑，丘壑宛转，迷似回文"。狮子林假山是目前中国尚存园林中最大规模的古代假山群，具有重要的历史价值和艺术价值。

第六节
中国古典名园

西汉上林苑

上林苑本为秦代营建阿房宫的一大苑囿，汉武帝时扩而广之为上林苑。它位于长安西，涉及长安、咸宁、周至、雩县（今户县）、兰田5个县，纵横300余里。

《汉旧仪》载："上林苑方三百，苑中养百兽，天子秋冬射猎取之。其中离宫七十所，皆容千乘万骑。"可见上林苑南依南山，北临渭水，岗峦起伏，泉源丰富，林木荟郁，鸟兽翔集，自然生态环境十分优美，为当时世上极为壮观的皇家园林。

上林苑作为皇家禁苑，是专供皇帝游猎的场所。这也证明"古谓之囿汉谓之苑"的发展事实。一方面，苑中养百兽，天子春秋射猎苑中，取兽无数，这完全继承了古代囿的传统；另一方面，汉代的苑中又有宫与观（供登高望远的地方）等园林建筑，并作为苑的主题，在自然条件的基础上，人工内容逐渐成为很重要的组成部分。上林苑中有离宫七十、苑三十六、台观三十五、池六，虽难详其数，但可窥一斑。这些宫、观、台、殿因其功能不同，各具特色。有专供帝王居住游憩的御宿苑；有为太子而立及接待宾客的博望苑、思贤苑；有为皇帝演奏的宣曲宫；有专供皇帝观赏玩乐而饲养的鱼鸟观、走马观、犬台观；有种植和保存南方珍果异木的扶荔宫等，不一而足。苑中的宫馆皆高轩广庭，足以显示帝王之威赫。上林苑中"聚土为山，十里九坡，种奇树"，表明汉代不仅在园中挖池掇山，而且配置花木，植树工程日臻完善。上林苑树木种类之多，在当时堪称世界之最。《三辅黄图》载："帝初修

上林苑，群臣远方各献名果异卉三千余种，植其中。亦有制为美名，以标奇。"《西京杂记》在"上林名果异木"条仅记录了很少一部分，这里只列举花木种数，具体体品种则略去不计：梨十、枣七、栗四、桃十、李十五、柰三、楂三、椑三、棠四、梅七、杏二、桐三、林擒十株、枇杷十株、橙十株、安石榴十株、柠十株、白银树十株、万年长生树十株、扶老木十株、守宫槐十株、金明树二十株、摇风树十株、鸣风树十、琉璃树七、池离树十、离娄树十、白榆、掏杜、构桂、蜀漆树十株、楠四株、枞七株、栝十株、楔四株、枫四株。说群臣远方献名果异木有3000种之多，未免有些夸大。但以《西京杂记》说2000种为准，这里所列树种仅39种，还占不到1/50，可见绝大部分的树木品种尚未列入。若果如文献所述，上林苑当是世界上绝无仅有的树木园。

上林苑有汉武帝置的昆明观，另外，还有茧观、平乐观、远望观、燕升观、观象观、便民观、白鹿观、三爵观、阳禄观、阴德观、鼎郊观、楗木观、椒唐观、鱼鸟观、无华观、走马观、木石观、上兰观、郎池观、当路观等。表明苑中还有各类专门的观赏动、植物，这里不再赘述。

上林苑中有大而宏伟的建章宫和两个大名池，即昆明池和太液池。

建章宫是上林苑中最大也是最重要的一个宫城，位于汉长安城西城墙外，今三桥北的高堡子、低堡子一带。其宫殿布局利用有利地形，显得错落有致，壮丽无比。建章宫的正门阊阖左凤阙、右神明，高大壮丽，做工精美，耐人寻味。上林苑中的建章宫与长乐宫、未央宫不同，它打破了建筑宫苑的格局，在宫中出现了叠山理水的园林建筑。

昆明池中有灵沼，名为神池。传说尧帝治水时曾于此停泊船只，还传说昆明池沼与白鹿原相通，白鹿原有人钓鱼，鱼拉断线连钩一起带走了。汉武帝梦见有条鱼求他把钩摘下，次日武帝在池上游玩时发现一条大鱼嘴里挂着钩连线，武帝帮它摘掉，放鱼走开。过了3日，武帝又去池上游玩，得到一对明珠，显然为难鱼报恩所致，如此等。这些轶闻趣事，增加了皇家园林的神秘感和趣味性。

综上所述，我们可以看出，上林苑是经过规划设计的大型人工组景的山水园。在当时的园林布局中，栽树移花，凿池引泉，叠石造山，建宫设观，即对构成园林的4大要素，园林植（动）物、山、水、园林建筑在苑中如何去应用（即表达一定的主题或意境），已做出了一定程度的研究，这在2000

多年前是多么的难能可贵。这种人为的园林山水造景的出现，为以后的山水园林艺术的发展和设计开创了先例。上林苑开创了"园中园"手法，形成了苑中有苑，苑中有宫，苑中有观（馆）的格调；上林苑在每个景区（即苑）中，都建有一定数量的建筑，并作为苑的主题，使人工美与自然美相统一；上林苑开中国造园"一池三山"人工山水布局之先河，其分割水面和划分空间的手法为后世所仿效；上林苑首创以雕塑装饰园景的艺术，太液池北岸有"石鱼，长二丈，宽五尺。西岸有石龟二枚，每长六尺"；上林苑是一个珍贵的植物园，同时也是一个饲养珍禽异兽的动物园。

 辋川别业

诗人王维（701—761 年），字摩诘，精通音律，擅长书画，是山水画水墨淡渲技法的创始者。王维晚年在蓝田辋川，过着不同于白居易的、亦官亦隐的优游生活，与好友裴迪等经常诗酒邀游，写了许多体物精细、文字清新的山水诗，汇编成《辋川集》传世，故"辋川别业"闻名遐迩。

辋川别业，我们从宋画家郭忠恕（？—977 年）《临王维辋川图》的"辋口庄"部分可见：重楼杰阁，栏檐围绕，廊庑连延，十分气势，较之白居易的庐山草堂，有天渊之别。王维虽非为富不仁的石崇，但从隐居的物质生活条件而言，都属于"肥遁"一类。

现就资料所及，对"辋川别业"的一些景点做简约描述：

孟城坳是进山的第一景。坳（āo），是低洼地。因在这洼地上，原有座古城堡而名。从《辋川图》看是在山坳中，四面圈有围墙。从裴迪的"结庐古城下"诗句看，他大概就住在这附近。

华子岗是背后环山，面临辋水，由几栋悬山顶房屋，用廊垣分隔围合成院的组群建筑，即王维月夜登眺、"辋水沦涟"之处。

文杏馆在山里，主体为曲尺形布置的两幢歇山顶建筑，前有两座歇山顶的方亭，用篱落围成院子。馆名"文杏"，大概梁是用"材有文彩者"的杏木制成。《昭明文选》汉代司马相如《长门赋》："刻木兰以为榱兮，饰文杏以为梁。"可见辋川别业中建筑是十分考究的。

茱萸沜，茱萸（zhūyú），有浓烈香味的植物。古代风俗，重阳节佩茱萸以辟邪。王维《九月九日忆山东兄弟》诗："遥知兄弟登高处，遍插茱萸少一

人。"此景大概是在水池边种有"结实红且绿，复如花更开"的山茱萸而名。

鹿柴，篱障。通"砦""寨"。从诗："不知深林事，但有麚鹿迹"。麚（jiā），是公鹿，同"席"。这里是用木栅栏围护起来，放养野鹿的场所。

竹里馆是在幽篁深处的一栋房舍，王维诗"独坐幽篁里，弹琴复长啸"之处，有如晋·郭璞《游山诗》"啸傲遗世罗，纵情在独往"的境界。

其他如斤竹岭、木兰柴、辛夷坞、漆园、椒园等，大抵都是生长具有经济价值的园地。如辛夷，即"木兰"之别称，落叶灌木，花大外紫而内白，供观赏。干花蕾入药称"辛夷"。坞，是四面高中央低的山地。辛夷坞，即种植辛夷的山坞。

总之，辋川别业是个林木茂盛、土地肥沃、山明水秀、风景十分优美的山庄，并经过人工的美化。如：水边构筑之"临湖亭"，背岭向阳之"文杏馆"，幽篁深处之"竹里馆"，沿堤种植之"柳浪"，道旁树槐之"宫槐陌"，等等。

王维是大诗人、大画家，殷瑶说王维的诗，是"在泉为珠，着壁成画"（《河岳英灵集》）；苏轼称赞他"画中有诗""诗中有画"（《题蓝田烟雨图》）。如：

鹿柴

空山不见人，但闻人语响。

返景入深林，复照青苔上。

竹里馆

独坐幽篁里，弹琴复长啸。

深林人不知，明月来相照。

王维笔下的辋川景物，不论是诗是文，都非常清幽，而且有恬静空灵的意境。他所描绘的景象，并非是客观景物的再现，而是通过深微的观察，在审美经验积累的基础上，精思构想出的图画。但这一幅幅图画，却使人感到如闻其声、如见其形。这种境界，正反映出人与自然山水的亲近、亲和、融合的关系。

在唐代自然山水园的园居生活中，反映出人与自然关系的变化，说明山水草木泉石已非独立自在、与人无关，而是人生活的组成部分，与人的生活和思想感情融合在一起。庐山草堂是白居易"左手携一壶，右手絮五弦"，或"左手引妻子，右手抱琴书，终老于斯"，而"傲然意自足"的生活场所。辋川别业是王维"独坐幽篁里，弹琴复长啸"，借以抒情、一吐胸中意气的地方。这是人在情景之中，景融生活之内的人与自然的关系。这种关系的升华，充分体现了中国古老的自然哲学"天人合一"的思想精神。

庐山草堂

元和年间，白居易任江州司马时于庐山修建了一处别墅园林，即著名的庐山草堂，他还撰写了《草堂记》一文，该文记述了庐山草堂的选址、建筑概况、周围环境、四季景观、整体布局等。

他在《致友人书》中写道："始游庐山，到东西二林间（即东林寺、西林寺之间），香炉峰下，见云水泉石，胜绝第一，爱不能舍，因置草堂。"在《草堂记》里则说："……介峰寺间，其境胜绝……见而爱之，若远行客过故乡，恋恋不能去，因面峰腋寺，作为草堂。"可见草堂选在香炉峰之北，一块"面峰腋寺"的地块上。

草堂建筑极为简朴，"明年（即元和十二年，公元827年）春，草堂成，三间两柱，二室四牖……木斫而已不加丹，墙圬而已不加白。磩阶用石，幂窗用纸，竹帘纻帏，率称是焉。"这样素朴的草堂，与自然环境相协调，自是山居风格。

草堂周围环境得天独厚，近有瀑布、山涧、古松、野花，远可借香炉峰胜景，园林布局结合自然环境，辟池筑台，草堂为园林的主体，布局围绕草堂展开。"是居也，前有平地，轮广十丈，中有平台，半平地。台南有方池，倍平台。环池多山竹野卉。池中生白莲白鱼。"山中凿池，人为也，但又环以山竹野卉，宛自天开。《草堂记》接着说："堂北五步，据层崖积石，嵌空垤垗，杂木异草，盖覆其上，绿荫漾漾，朱实离离，不识其名，四时一色。"又云："堂东有瀑布，水悬三尺，泻阶隅，落石渠，昏晓如练色，夜中如环佩琴筑声（筑，一种古乐器）。""堂西依北崖石趾，以剖竹架空，引崖上泉，脉分线悬，自檐注砌，累累如贯珠，霏微如雨露，滴沥飘洒，随风远去。"上述一是天然瀑布，虽小而水声如琴，一则人工理水，自成水帘。"又南抵石涧，夹涧有古松老杉。大仅十人围，高不知几百尺。修柯戛云，低枝拂潭，如幢竖，如盖张，如龙蛇走。松下多灌丛茑萝，叶蔓骈织，承翳日月，光不到地，盛夏风气如八九月时。下铺白石为出入道。"涧水流响，风吹松涛，浓荫匝

地，风气凉爽，何等优美！此外，草堂四旁"耳目杖屦可及者，春锦绣谷花（花为映山红或称杜鹃花），夏有石门涧云，秋有虎溪月，冬有炉峰雪，阴晴显晦，昏旦含吐，千变万状，不可殚记。"由于山居选址合宜，近旁四季美景，杖屦可及，皆足观赏。

白居易满足于"三间两柱，二室四牖，木斫而已不加丹，墙圬而已不加白"的草堂，而追求"与泉石为伍，与花木为邻，融入自然"的一种"隐逸"精神享受，为后世不得志的文人提供了别墅园林的审美理念，为后世文人园林所借鉴。

总的来说，白居易的庐山草堂，是在天然胜区相地而筑，辟池营台，引泉悬瀑，既有苍松古杉，又植山竹野卉，就自然之胜，稍加润饰而构成别墅园林。草堂能够广借自然之美景，充分融入自然之境，在朴实无华中体现出深刻意境。

知识链接

伟大的诗人——白居易

白居易（772—846 年），字乐天，晚年又号香山居士，河南郑州新郑人，中国唐代伟大的现实主义诗人，中国文学史上负有盛名且影响深远的诗人和文学家。他的诗歌题材广泛，形式多样，语言平易通俗，有"诗魔"和"诗王"之称。官至翰林学士、左赞善大夫。有《白氏长庆集》传世，代表诗作有《长恨歌》《卖炭翁》《琵琶行》等。白居易祖籍山西，出生于河南郑州新郑，葬于洛阳。白居易故居纪念馆坐落于洛阳市郊。

履道坊宅园

履道坊宅园位于洛阳履道坊，是白居易最喜欢的一所宅园，他曾为此园写了一篇韵文《池上篇》，对此园进行了翔实的描写：

东都风土水木之胜在东南偏，东南之胜在履道里，里之胜在西北隅，西闲北垣第一第，即白氏叟乐天退老之地。地方十七亩，屋室三之一，水五之一，竹九之一，而岛树桥道间之。初乐天既为主，喜且曰："虽有池台，无粟不能守也。"乃作池东粟廪。又曰："虽有子弟，无书不能训也。"乃作池北书库。又曰："虽有宾朋，无琴酒不能娱也。"乃作池西琴亭，加石樽焉。

乐天罢杭州刺史，得天竺石一，华亭鹤二以归。始作西平桥，开环池路。罢苏州刺史时，得太湖石五，白莲、折腰菱、青板舫以归，又作中高桥，通三岛径。罢刑部侍郎时，有粟千斛，书一车，泊藏获之习管、磬、弦歌者指百以归。先是颍川陈孝仙与酿酒法，味甚佳；博陵崔晦叔与琴，韵甚清；蜀客姜发授秋思，声甚澹；弘农杨贞一与青石三，方长平滑，可以坐卧。

太和三年夏，乐天始得请为太子宾客，分秩洛下，息躬于池上，凡三任所得，四人所与，泊吾不才身，今率为池中物。每至池风春，池月秋，水香莲开之旦，露清鹤唳之夕，拂扬石，举陈酒，援崔琴，弹秋思，颓然自适，不知其他。酒酣琴罢，又命乐童登中岛亭，合奏《霓裳散序》，声随风飘，或凝或散，悠扬于竹烟波月之际者久之。曲未竟，而乐天陶然石上矣。

十亩之宅，五亩之园；有水一池，有竹千竿。勿谓土狭，勿谓地偏；足以容膝，足以息肩。有堂有庭，有桥有船；有书有酒，有歌有弦。有叟在中，白须飘然；识分知足，外无求焉。如鸟择木，姑务巢安；如龟居坎，不知海宽。灵鹤怪石，紫菱白莲；皆吾所好，尽在吾前。时饮一杯，或吟一篇；妻孥熙熙，鸡犬闲闲。优哉游哉，吾将终老乎其间。

白居易在洛阳的履道坊宅园，是他任杭州刺史和苏州刺史期间，经营大约六七年而成的。这个园的规模，包括住宅在内一共约 1.13 公顷，园的净面积约 0.7 公顷，水面占三分之一，种竹的面积占总面积的五分之一。水面较大，池中有三岛，岛上建亭，中央岛上之亭名"中岛亭"。环池修路，通岛架桥。从桥名"西平"看，可能是从西岸上岛的平板式桥；"中高"桥，可能是连接在岛屿之间的高拱桥。围池布置建筑，池西有琴亭，为宾客琴酒娱乐之处；池东有粟廪，为储藏粮食之仓房；池北有书库，为藏书和课读子弟之家塾。从布局来看，宅在园南，这种宅与园相对位置关系，是后世城市中大中型园林较典型的模式。

可见白居易在宅园中所营造的构筑物都有其使用价值，如书库之于教育子弟，琴亭之于会友，粟廪之于储粮。园林景境的创造，必须以人的园居生活活动需要为前提，这就意味着不同时代人们的生活方式和审美趣味的不同，

对景境有不同的要求，所以每一时代都有适应其时代生活特点的造园形式与内容。任何独立存在与人生活无关的景境，对人是没有意义的。

《池上篇》在造园学上有重要意义，白居易通过自己的造园实践，对园林规划的土地分配进行了一般性的概括。其园林规划思想，已成为后世城市一般宅园的普遍模式，成为后世文人。士大夫对园林的一种普遍价值取向，对后世中国园林艺术的发展具有深远的影响。

白居易将他所得的太湖石陈设在履道房宅园内，可见太湖石在唐代已经被人们所欣赏，成为园林里点景的山石，深受文人们的珍爱。但是唐代园林中堆山的记述不多，说明假山在园林中的应用不很广泛，假山对于园林的作用还没有被人们所认识。在狭小的基址内，人们还没有很好地掌握堆叠"宛若自然"假山的技术，可见，在园林艺术里"写意"还不够成熟。

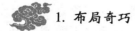 寿山艮岳

寿山艮岳是宋徽宗赵佶亲自参与设计和主持修建的，它的规模虽不算大（近5千米），但造园中运用山水画的总体布局和景观组织方法，把园林空间的营造与诗情画意融为一体，在造园艺术上达到了极高水平，是宋代皇家园林的杰作。它是继西汉太液池之后的另一个里程碑，在中国古典园林史上占有极其重要的位置。

宋徽宗倦于朝廷，却爱石成癖、营山成瘾、精于书画，具有极高的艺术造诣，使得艮岳具有深厚的人文内涵。建造寿山艮岳时，先经过周详地规划设计，制成图纸后再进行施工。

寿山艮岳始建于公元1117年，先筑万岁山，同时又凿池引水，建造亭台楼阁，历时6年才建成。万岁山称艮岳，后在其南面建成寿山，就称为寿山艮岳。园门的匾额题名"华阳"，又称华阳宫。可惜此园毁于战乱。

寿山艮岳建好后，宋徽宗撰写了《艮岳记》，介绍艮岳的布局和概貌。另有《华阳宫记》、《艮岳百咏诗》、南宋张昊的《艮岳记》都描写了艮岳的园景。从以上这些文献记载中，我们可以了解到这座著名的皇家园林的特点。

1. 布局奇巧

寿山艮岳完全抛弃了中轴对称，一切顺其自然而布置。景点或开辟透景

线或深藏，时起时伏，忽明忽暗，不拘常规，变幻莫测，但主次分明，整体统一。东部以山取胜，西部以水见长，水体北、东、南三面山体环绕。全园以万岁山为构图中心，南面的寿山和西面的万松岭为辅，形成主从关系，加上巧妙的理水处理，形成山环水抱的格局。这座大型的人工山水园的园林景观十分丰富，有山景、花木景、药用植物景、农家村舍景、水景等，植物配置考虑到景观的季节变化。园中建筑一改以往皇家园林中成组成群的布置，打破了秦汉以来"一池三山"的传统格局。

 2. 掇山秀美

主山万岁山，先用土堆筑而成，山体轮廓模仿杭州凤凰山，后又置太湖石堆叠，形成一座大型的人造山，长数百步，高达百尺，大洞数十，悬崖峭壁，沟壑纵横。万岁山、南山和万松岭之间，岗峦或开和，或收放，形成峡谷，或形成峪沟，曲折幽深，山上建有亭台，山下有溪流、水池环绕，山腹中有山洞数十个，山上有滴水瀑布，设有蹬

待月峰：寿山艮岳遗物

道盘旋迂回，在高险之处设木栈，倚石而上，可见山景十分丰富。

宋代玩赏奇石成风，艮岳中也大量运用一些形态奇特的巨石，进行特置孤赏，一些主要的石峰根据形态由宋徽宗赐名。宋代的造园者模仿自然界的山崖洞谷形象，又受到山水画的影响，在园林中创作出源于自然，而又高于自然的山水景观，宋代筑山叠石的技艺在唐代基础上有了进一步发展，成为后来筑山置石的楷模。

 3. 理水巧妙

艮岳的理水模仿自然界的各种水体形态，以水池为中心，再配合溪流、河道、涧谷、瀑布、潭等水景，形成一个完整的水系，加上山石、花木的配置，亭、台、楼、阁的点缀，营造出一幅人工与自然完美结合的山水画卷。艮岳的水系处理与周围的地形巧妙结合，注意了分与聚的变化，既有辽阔的水面，明净开朗，又有溪流萦回，清幽曲折，使得空间层次丰富而又有变化，

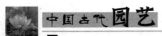
景物深远不尽。

4. 建筑丰富

艮岳的建筑类型非常丰富，除有宫殿及亭、台、楼、阁、馆、堂、榭等园林建筑外，还有寺庙、道观、藏书楼、村舍、集市等，几乎包罗了当时的所有建筑形式，建筑的造型也较唐代小巧、精致，更好地发挥了造景和观景的双重功能，许多建筑都有题名。宫殿也不是成组成群布置，而是随地势、因景点的需要而建造，注重与环境的融合。

5. 植物繁多

艮岳的植物种类丰富，除了当地的品种，还从江南、中南、岭南等地引种。艮岳的一些景点、景区的植物采用大量的片植，形成以植物为主题的景。另外，园中还圈养和放养了大量珍禽异兽，为园林增加了自然之趣。

6. 借景巧妙

艮岳借景采用内借、外借，远近交辉，使层次更加丰富而深远。远处借景有山南的芙蓉城，使其处于艮岳和寿山之间，别有一番景致。艮岳之北开凿一个大池，叫曲江池，引景龙江水灌入，池中有岛，岛上有堂，池南有瑶华宫，极似唐代的曲江，风景优美。高峰见亭，四处可见，临亭四望，尽收眼底。

寿山艮岳是对自然界山水风景的模拟，经过艺术加工，形成一座富有诗情画意的人工山水园，由于受山水画论的影响，这座皇家园林少了一些皇家气派，而多了一些清新和雅致。

拙政园

拙政园位于苏州娄门内东北街，被誉为中国的四大名园之一。历史上，曾是三国时郁林太守陆绩、东晋高士戴颙、唐代诗人陆龟蒙、北宋胡稷言等人的宅第。元代为大弘寺。明正德四年（1509 年），吴县人御史王献臣，因受诬被解职，归隐苏州，建园名拙政。是自比西晋潘岳，取《闲居赋》："筑

室种树，灌园鬻蔬，以供朝夕之
膳，是亦拙者之为政也"之意。

拙政园

拙政园初建时，规模有 13.34
公顷，嘉靖十二年（1533 年）文
征明为王献臣作《拙政园记》，对
园景记述较详，计有 31 景，园的
水面颇多，可见规模之大。王献臣
死后归徐氏，后随徐氏子弟衰落，
园遂日趋荒废。

崇祯四年（1631 年），园东部荒地约 0.7 公顷，为侍郎王心一购得，建
园名"归田园居"。清初，钱谦益构曲房于"拙政园"西部，为名妓柳如是
居处。从此"拙政园"演变为相互分割的 3 个部分。

400 多年间，园林易主 20 余人，园名亦随之变更，曾有"复园""蒋园"
"吴园""书园""补园"等之称。而现存建筑物，大多是太平天国时作为忠
王府的一部分建造的。自清代，"拙政园"形成东、中、西 3 部分，中部是
"拙政园"的主要部分。园屡易其主，多次改建，这种演变本身也是个发展过
程。东部的"归田园居"，清代为"复园"时的景物多已不存，十分旷如，
今为"拙政园"的大门，已成人流集散的大片绿地与过渡空间，中部是"拙
政园"的主要部分，也是全园的精华所在。

"拙政园"中部占地约 1.23 公顷，水面占 1/3。园在宅后，宅在街北，为
了园门能直接通向街道，只能在建宅时留出夹巷，形成宅门与园门（已封闭）
同在东北街上。由巷门经夹巷北行至园门，门内假山屏蔽，循廊绕山，豁然
开敞，主体建筑"远香堂"在前，可谓"门内有径，径欲曲。径转有屏，屏
欲小"。蔽而通之，以免一览无余，是中国建筑和园林的传统手法。

拙政园总体布局的特点，因园在宅后，园中庭院，集中在南面靠住宅一
带，主要游览线——园门至"远香堂"的东西两侧，西侧由廊桥"小飞虹"
围成的水院，隐显藏露之间，颇能引人入胜。东侧，"枇杷园"和"海棠春
坞"一组庭园，空间设计，虚虚实实，周流循环，令人不知所终，是中国独
特的"往复无尽流动空间理论"的最佳实例。

"远香堂"四面厅，廊庑周匝，堂北大池，水中筑有东西相连的两个岛
屿，山麓围以湖石，山上构以空亭，翼角飞扬。池东沿墙，以"倚虹亭"半

169

亭为中点（今为东园入园处），修廊南通"海棠春"小院，北端与"梧竹幽居"亭相接。池西沿墙，游廊曲折，爬山涉壑，下至西北的"见山楼"，楼二层，三面环水，体量较大，廊楼对池呈环抱之势，在池水的联络映带之下，将池沼竹树、亭台楼阁连成一气，疏而不散，使园林水石有清旷的山林意境。

 ## 个园

个园在扬州新城的东关街，清嘉庆二十三年（1818 年）大盐商黄应泰利用废园"寿芝圃"的旧址建成。黄应泰本人别号个园，园内多种竹子，故取竹字的一半而命园之名为"个园"。

这座宅园占地大约 0.6 公顷，紧接于邸宅的后面。从宅旁的"火巷"进入，迎面一株老紫藤树，夏日浓荫匝地，倍觉清心。往前向左转经两层复廊便是园门。门前左右两旁花坛满种修竹，竹间散置参差的石笋，象征着"雨后春笋"的意思。进门绕过小型假山叠石的屏障，即达园的正厅"宜雨轩"，俗称"桂花厅"。厅之南丛植桂花，厅之北为水池，水池驳岸为湖石孔穴的做法。水池的北面，沿着园的北墙建楼房一幢共七开间，名"抱山楼"。两端各以游廊连接于楼两侧的大假山，登楼可俯瞰全园之景。

令人浮想翩翩的假山怪石

抱山楼之西侧为太湖石大假山，它的支脉往楼前延伸少许，把楼房的庞大体量适当加以障隔。大假山全部用太湖石堆叠，高约 6 米。山上秀木繁阴，有松如盖，山下池水蜿蜒流入洞屋。渡过石板曲桥进入洞屋，宽敞而曲折幽邃。洞口上部的山石外挑，桥面石板之下为清澈的流水，夏日更觉凉爽。假山的正面向阳，皴皱繁密、呈灰白色的太湖石表层在日光照射下所起的阴影变化特多，有如夏天的行云，又仿佛人们常见的夏天的山岳多姿景象，这便是"夏山"的缩影。循

假山的蹬道可登山顶，再经游廊转至抱山楼的上层。

楼东侧为黄石堆叠的大假山，高约 7 米，主峰居中，两侧峰拱列成朝揖之势。通体有峰、岭、峦、悬岩、岫、涧、峪、洞府等的形象，宾主分明。其掩映烘托的构图经营完全按照画理的章法，据说是仿石涛画黄山的技法为之。山的正面朝西，黄石纹理刚健，色泽微黄。每当夕阳西下，一抹霞光映照在发黄而峻峭的山体上，呈现醒目的金秋色彩。山间古柏出石隙中，它的挺拔姿态与山形的峻峭刚健十分协调，无异于一幅秋山画卷，也是秋日登高的理想地方。山顶建四方小亭，周以石栏板，人坐亭中近可俯观脚下群峰，往北远眺则瘦西湖、平山堂、绿杨城郭均作为借景而收摄入园。在亭的西北沿，一峰耸然穿越楼檐几欲与云霄接。亭南则山势起伏、怪石嶙峋；又有松柏穿插其间，玉兰花树荫盖于前。

黄石大假山的顶部，有三条蹬道盘旋而下，全长约 15 米，所经过的山口、山峪、削壁、山涧、深潭均气势逼真。山腹有洞穴盘曲，与蹬道构成立体交叉，山中还穿插着幽静的小院、石桥、石室等。石室在山腹之内，傍岩而筑，设窗洞、户穴、石凳、石桌，可容十数人立坐。石室之外为洞天一方，四周皆山，谷地中央又有小石兀立，其旁植桃树一株，赋予幽奥洞天以一派生机。这座大假山为扬州叠山中的优秀作品，如此精心别致的设计构思在其他园林中是很少见到的。

个园的东南隅建置三开间的"透风漏月"厅，厅侧有高大的广玉兰一株，偏东为芍药台。厅前为半封闭的小庭院，院内沿南墙堆叠雪石假山。透风漏月厅是冬天围炉赏雪的地方，为了象征雪景而把庭前假山叠筑在南墙背阴的地方，雪石上的白色晶粒看上去仿佛积雪未消，这便是"冬山"的立意。南墙上开一系列的小圆孔，每当微风掠过发出声音，又让人联想到冬季北风呼啸，更渲染出隆冬的意境。庭院西墙上开大凹洞，隐约窥见园门外的修竹石笋的春景。"丛书楼"在透风漏月厅之东少许。楼前一小院，种一二株树，十分幽静，是园内的藏书之所。

园中的水池并不大，但形状颇多曲折变化。石矶、小岛、驳岸、曲桥穿插罗布，益显水面层次之丰富，尤其是引水成小溪导入夏山腹内，水景与洞景结合起来，设计多有巧妙独到之处。水池的驳岸多用小块太湖石架空叠筑为小孔穴。

个园以假山堆叠之精巧而名噪一时。个园叠山的立意颇为不凡，它采取分峰用石的办法，创造了象征四季景色的"四季假山"，这在中国古典林中实为独一无二的例子。分峰用石又结合于不同的植物配置：春景为石笋与竹子，夏景为太湖石山与松树，秋景为黄石山与柏树，冬景的雪石山不用植物以象征荒漠疏寒。它们以三度空间的形象表现了山水《画论》中所概括的"春山淡冶而如笑，夏天苍翠而如滴，秋山明净而如妆，冬山惨淡而如睡"，以及"春山宜游，夏山宜看，秋山宜登，冬山宜居"的画理。这四组假山环绕于园林的四周，从冬山透过墙垣上的圆孔又可以看到春日之景，寓意于一年四季、周而复始，隆冬虽届，春天在即，从而为园林创造了一种别开生面的、耐人玩味的意境。不过，四季假山的说法并无文献可证。当时刘风浩所写的《个园记》中并未提到此种情况，也许是后人的附会之谈。但从园林的布局以及分峰用石的手法来加以考察，又确实存在此种立意。

就个园的总体看来，建筑物的体量有过大之嫌，尤其是北面的七开间楼房"抱山楼"，如此一个庞然大物，似乎压过了园林的山水环境。造成这种情况的原因，主要在于作为大商人的园主人需要在园林里面进行广泛的社交活动，同时也要利用大体量的建筑物来显示排场，满足其争奇斗富的心理。虽然园内颇有竹树山池之美，但附庸风雅的"书卷气"终于脱不开"市井气"，这是后期扬州园林普遍存在的现象。

 ## 留园

留园在江苏省苏州市阊门外，原为明嘉靖时太仆寺卿徐时泰的东园，清嘉庆时刘恕改建，称寒碧山庄，俗称刘园，因园内有造型优美的湖石峰 12 座而著称。经太平天国之役，苏州诸园多毁于兵乱，而此园独存。光绪初年易主，改名留园。

留园以建筑布局紧密、厅堂宏敞华丽、装饰精雅见长，特别是善于利用各种建筑群，把全园空间巧妙地分隔、组合，形成流动的空间序列布局，而具有独特的风格和杰出的艺术成就。它的紧密结构，同拙政园的疏朗境界，并称苏州园林两绝。旧时有"吴中第一名园"之誉。1961 年被定为全国重点文物保护单位。

留园共占地 50 余亩，分中、东、西、北 4 个景区。一进留园大门，是个比较宽敞的前厅，自右侧沿曲狭长廊和天井北行至绿荫轩，透过漏窗便隐约可见中区园景。中区以山水为胜，池居中央，池西、北为山，东南为建筑。

池中有小蓬莱岛，架曲桥交通两岸。山为土筑，叠石为池岸蹬道，以黄石为主，气势浑厚，西、北两山间有水涧，似水池有源。西山植树丛生，有爬山廊至山巅闻木樨香轩，登山俯视，园中景色尽收眼底。主要建筑环池东、南，池东曲溪楼一带重楼杰出，池南涵碧山房、明瑟楼、绿荫轩等一群建筑，其大小虚实，高低起伏，参差有致，造型多变。

留园

东区以建筑与庭院为重点。主厅五峰仙馆高大豪华，又称楠木厅，是苏州园林中最大的厅堂，内部装修甚为精美。厅南庭中矗立着苏州古典园林中规模最大的一处湖石厅山。东侧揖峰轩，轩前庭院中立湖石峰，曲折多变的回廊环峰四周，廊与墙间划分为小院空间，置湖石、石笋，植翠竹、芭蕉。轩对面有石林小屋隐于湖石树丛之后。冠云峰为东部庭园主景，高 5.6 米，为苏州诸园现存湖石之冠，相传为宋花石纲旧物。两旁立瑞云、岫云二峰，也很劲秀。南端鸳鸯厅——林泉耆硕之馆，是此组石峰的主要观赏点。峰北有冠云楼，高二层，登楼可观园外景色。楼西有廊可通向北区。

北区是小竹林和桃、杏等花树。"又一村"构建葡萄和紫藤架，颇有田园之意。西区之土阜为全园最高处，可远借虎丘、天平、上方、狮子诸山及西园等处风景。阜上枫树成林，秋天红叶与中区鲜黄的银杏秋色交相辉映，色彩丰富。阜左云墙起伏。阜南为平地，其北有"之"字形小溪一条，绿水潺潺，两岸桃柳，颇似"缘溪行"的情景。由"又一村"至此，山林田园风味更浓，与中、东、西区的富丽堂皇形成鲜明的对比。

寄畅园

寄畅园位于无锡城西酉锡山和惠山间的平坦地段上，东北面有新开河（惠山滨）连接于大运河。园址占地约 1 公顷，属于中型的别墅园林。元代原为佛寺的一部分，明代正德年间，兵部尚书秦金辟为别墅，初名"凤谷行窝"，后归布政使秦良。万历十九年（1591 年），秦耀由湖广巡抚罢官回乡，着意经营此园并亲自参与筹划，疏浚池塘、大兴土木成二十景。改园名为

"寄畅园"，取王羲之《兰亭序》"一觞一咏，亦足以畅叙幽情……因寄所托，放浪形骸之外"的文意。此园一直为秦氏家族所有，故当地俗称"秦园"。清初，该园曾分割为两部分，康熙年间再由秦氏后人秦德藻合并改筑，进行全面修整，延聘著名叠山家张南垣之侄张钺重新堆筑假山，又引惠山的"天下第二泉"之泉水流注园中。经过秦氏家族几代人的三次较大规模的建设经营，寄畅园更为完美，名声大噪，成为当时江南名园之一。清代康熙、乾隆二帝南巡，均曾驻跸于此园。

园林总体布局，水池偏东，池西聚土石为山，两者构成山水骨架。据明代王樨登《寄畅园记》：园门设正东墙，入门后折西为一扉门"清响"，此处多种竹子。出扉门便是水池"锦汇漪"，水源来自出山泉。由清响经过一段廊到达"知鱼槛"，从此处折而南为"郁盘"，有廊连接于"先得月"，廊的尽端为书斋"霞蔚"。往南便是三层的"凌虚阁"高出林梢，可俯瞰全园之景。再折而西，跨涧过桥登假山上的"卧云堂"，旁有小楼"邻梵"，"登之可数（惠山）寺中游人"。循径往西北为"含贞斋"，阶下一古松。出含贞斋循山径至"鹤景"和"栖元堂"，"堂前层石为台，种牡丹数十本"。往北进入山涧，涧水流入锦汇漪。经过跨越锦汇漪北端的七星桥，到达"涵碧亭"。亭之西侧为"环翠楼"，登楼南望"则园之高台曲榭、长廊复屋、美石嘉树、径迷花亭醉月者，靡不呈祥献秀，泄秘露奇，历历在掌"。

清咸丰十年（1860年），该园曾毁于兵火，如今的园林现状是后来重建的。南部原来的建筑物大多数已不存在，新建双孝祠、秉礼堂一组建筑群作为园林的入口，北部的环翠楼改建为单层的"嘉树堂"。其余的建筑物按原样修复，山水的格局也未变动，园林的总体尚保持着明代的疏朗格调，故乾隆帝驻跸此园时曾赋诗咏之为"独爱兹园胜，偏多野兴长"。

入园经秉礼堂再出北面的院门，东侧为太湖石堆叠的小型假山"九狮台"作为屏障，绕过此山便到达园林的主体部分。

园林的主体部分以狭长形水池"锦汇漪"为中心，池的西、南为山林自然景色，东、北岸则以建筑为主。西岸的大假山是一座黄石间土的土石山，山并不高峻，最高处不过4.5米，但却起伏有势。山间的幽谷蹬道忽浅忽深，予人以高峻的幻觉。山上灌木丛生，古树参天，这些古树多是四季长青的香樟和落叶的乔木，浓荫如盖，盘根错节。加之山上怪石嵯峨，更突出了天然的山野气氛。从惠山引来的泉水形成溪流破山腹而入，再注入水池之西北角。沿溪堆叠为山间堑道，水的跌落在堑道中的回声叮咚犹如不同音阶的琴声，故名"八音涧"。假山的中部隆起，首尾两端渐低。首迎锡山，尾向惠山，似与锡、惠二山一脉相连。把假山做成犹如真山的余脉，这是此园叠山的匠心独运之笔。

水池北岸地势较高处原为环翠楼，后来改为单层的嘉树堂。这是园内的重点建筑物，景界开阔足以观赏全园之景。自北岸：转东岸，点缀小亭"涵碧亭"并以曲廊、水廊连接于嘉树堂。东岸中段建临水的方榭"知鱼槛"，其南侧粉垣、小亭及随墙游廊穿插着花木山石小景，游人可凭槛坐憩，观赏对岸之山林景色。池的北、东两岸着重在建筑的经营，但疏朗有致、着墨不多，其参差错落、倒映水中的形象与池东、南岸的天然景色恰成强烈对比。知鱼槛突出于水面，形成东岸建筑的构图中心，它与对面西岸凸出的石滩"鹤步滩"相峙，而把水池的中部加以收束，划分水池为南北两个水域。鹤步滩上原有古枫树一株，老干斜出与知鱼槛构成一幅绝妙的天然画卷。可惜这株古树已于20世纪50年代枯死。

水池南北宽而东西窄，于东北角上做出水尾，以显示水体之有源有流。中部西岸的鹤步滩与东岸的知鱼槛对峙收束，把水池划分为似隔又合的南、北二水域，适当地减弱水池形状过分狭长的感觉。北水域的北端又利用平桥"七星桥"及其后的廊桥，再分划为两个层次，南端做成小水湾架石板小平桥，自成一个小巧的水局。于是，北水域又呈现为四个层次，从而加大了景深。整个水池的岸形曲折多变，南水域以聚为主，北水域则着重于散，尤其是东北角以跨水的廊桥障隔水尾，池水似无尽头，益显其水脉源远流长的意境。

此园借景之佳在于其园址选择，能够充分收摄周围远近环境的美好景色，使视野得以最大限度地拓宽到园外。从池东岸若干散置的建筑向西望去，透过水池及西岸大假山上翁郁林木，远借惠山优美山形之景，构成远、中、近三个层次的景深，把园内之景与园外之景天衣无缝地融为一体。若从池西岸及北岸的嘉树堂一带向东南望去，锡山及其顶上的龙光塔均被借入园内，衬托着近处的临水廊子和亭榭，则又是一幅以建筑物为主景的天然山水画卷。

天人合一的美景

补图寄畅园的假山约占全园面积的 23%，水面占 17%，山水一共占去全园面积的三分之一以上。建筑布置疏朗，相对于山水而言数量较少，是一座以山为重点、水为中心、山水林木为主的人工山水园。它与乾隆以后园林建筑密度日益增高、数量越来越多的情况迥然不同，正是宋以来的文人园林风格的承传。不过，在园林的总体规划以及叠山、理水、植物配置方面更为精致、成熟，不愧为江南文人园林中的上品之作。

颐和园

颐和园，原名清漪园。在北京西北郊，距城约 15 千米，这里原先就是山湖风景优美的地方。金代皇帝完颜亮于贞元元年，就曾建过行宫，也就是今天的万寿山，当时名金山。元代时传说曾有老人在山上凿得石瓮，因名瓮山，山前的湖就名瓮山泊。元代至元二十九年（1292 年），为接济漕运用水需要，元代天文学、水利学家郭守敬（1231—1316 年）督开通惠河，将昌平一带泉水引入瓮山泊，流入城内的积水潭，瓮山泊遂成元大都城内宫廷用水的蓄水库。元文宗天历二年（1329 年），在瓮山泊西北岸建"大承天护圣寺"，规模颇为壮丽，在寺前临湖筑驻跸、看花、钓鱼 3 座台阁，元朝皇帝常来此游幸，是座兼有行宫性质的寺庙园林。

明代改称瓮山泊为西湖，可能是湖在京城之西，寓意杭州的西湖。弘治七年（1494 年），皇帝的乳娘助圣夫人罗氏，在瓮山前建圆静寺。正德年间，武宗朱厚照，在湖滨筑好山园，一度改瓮山为金山，湖名金海，故好山园亦称"金山行宫"。据明人《倪岳记》云：瓮山在都城西三十里，清凉玉泉之东，西湖当其前，金山拱其后。山下有寺曰圆静，寺后绝壁千尺，石磴鳞次而上，寺僧淳之晶庵在焉。然玩无嘉卉异石，而惟松竹之幽，饰无丹漆绮丽，而惟土垩之朴。而又延以崇台，缭以危槛，可登可眺，或近或远，于以东望都城，则宫殿参差，云霞苍苍，鸡犬茫茫，焕乎若是其广也。西望诸山，则崖峭岩窟，隐如芙蓉，泉流波沉，来如白虹，渺乎若是其旷也。至是茂树回环，幽荫蓊蔚，坳洼浮漾，百川所蓄，窈乎若是其深者，又临瞰乎西湖者矣。

从倪岳的描述中，可见瓮山处地之胜，前有湖光澄碧，西有玉泉山拱其右。登临其上，东望宫殿参差，檐宇层叠；西眺山峦葱翠，隐若芙蓉。但瓮山自身，体既不伟，形亦不奇，如刘侗在《帝京景物略》中所说，当时的瓮山，只是座"童童无草木的土赤坟"。所以当时人是将西湖与玉泉山并称，瓮山还未成为景区的游览胜地。

瓮山虽具湖山之利、形势之胜，但作为风景旅游资源，还有待于进一步开发。从湖山的关系看，据有关文献记载："瓮山圆静寺，左俯绿畴，右临碧波"，"圆静寺，左田右湖。"可知，明代西湖的范围，东面只到圆静寺，即寺前的右半部，寺左（东）则是一片绿野田畴，山与水的结合还不够自然融合，即尚不具山环水抱之势。西湖的湖面较昆明湖小，景色却十分秀丽，如明万历年间画家李流芳（1575—1629 年）对西湖的描绘：出西直门，过高粱桥，可十余里，至元君祠折而北，有平堤十里，夹道皆古柳，参差掩映，澄湖百顷，一望渺然。远见功德古刹及玉泉亭榭，朱门碧瓦，青林翠嶂，互相缀发。湖中菰蒲零乱，鸡鹭翩翩，如在江南画图中。

文中的"功德寺"，即元代建于西湖西北的"大承天护圣寺"，明宣德二年（1427 年）重修改名"功德寺"，明中叶以后倾圮。明末环湖建了 10 座寺院，当时有"环湖十里，为一郡之胜地"之誉，说明明代这里的名胜在湖，而不在山。

清兵入关后，改好山园为"瓮山行宫"。乾隆十五年（1750 年），弘历为庆祝其母 60 诞辰，在圆静寺旧址建"大报恩延寿寺"，改瓮山为"万寿山"，对山湖进行了大规模的改造与建设。在西北郊进行了大规模的水系改造，首先疏浚开拓了西湖，将水面扩大，东、北两面都直抵瓮山脚下，并在湖东构筑大堤，保留了原湖东岸上的龙王庙，成为湖中的一个岛屿；同时利用浚湖之土堆筑在山上，使万寿山东西两坡舒缓而对称，成为全苑的主体。为加强山湖的整体联系，将湖水沿山西北麓延伸，呈迂回环抱之势，构成"秀水明山抱复回，风流文采胜蓬莱"的胜境。湖山既成，乾隆皇帝赐名"万寿山昆明湖"。山湖就成为清漪园的主体，把全苑统一起来，奠定了苑的格局和基调。

清漪园自乾隆十五年（1750 年）始建，经 10 余年的土木之工，建造了大量殿堂亭馆，直到乾隆二十六年（1761 年）建成，成为一座大型的经人工改造的自然山水园林。咸丰十年（1860 年），清漪园被英法侵略军几乎全部焚毁，光绪十年（1884 年），慈禧太后那拉氏挪用海军军费 3600 多万两白银重建，供其"颐养太和"，改名"颐和园"。但只修复了前山部分，于光绪十四年（1888 年）完成。慈禧为一己之私以"颐养"，置国防于不顾，大大加快、缩短了满清王朝的"天年"。光绪二十六年（1900 年），在义和团反帝斗争中，颐和园又遭英美日法等八国联军无耻的掠夺和野蛮的破坏，光绪二十九年（1903 年），慈禧又下令复修，但后山一直未能恢复。

萃锦园

萃锦园即恭王府后花园。位于北京内城的什刹海一带。这里风光优美，颇有江南水乡的情调。

恭王府是清代道光皇帝第六子恭忠亲王奕䜣的府邸，它的前身为乾隆年间大学士和珅的邸宅。萃锦园紧邻于王府的后面。同治年间曾经重修过一次，光绪年间再度重修，当时的园主人为奕䜣之子载滢。1929 年萃锦园由辅仁大学收购，作为大学校舍的一部分。如今已修整开放，大体上仍保持着光绪时的规模和格局。

萃锦园占地大约 2.7 公顷，分为中、东、西三路。中路呈对称严整的布局，它的南北中轴线与府邸的中轴线对位重合。东路和西路的布局比较自由灵活，前者以建筑为主体，后者以水池为中心。

中路包括园门及其后的三进院落。园门在南墙正中，为西洋拱券门的形式。入园门，东西两侧分列"垂青樾""翠云岭"两座青石假山，虽不高峻但峰峦起伏、奔趋有势。此两山的侧翼衔接土山往北延绵，因而园林的东、西、南三面呈群山环抱之势。此两山左右围合，当中留出小径，迎面"飞来石"耸立，此即"曲径通幽"一景。"飞来石"之北为第一进院落，建筑成三合式，正厅"安善堂"建在青石叠砌的台基之上，面阔五开间、出前后厦，两侧用曲尺形游廊连接东、西厢房。院中的水池形状如蝙蝠翩翩，故名"蝠河"。院之西南角有小径通往"榆关"，这是建在两山之间的一处城墙关隘，象征万里长城东尽端的山海关，隐喻恭王的祖先从此处入主中原、建立清王朝基业。院之东南角上小型假山之北麓有亭翼然，名"沁秋亭"。亭内设置石刻流杯渠，仿古人曲水流觞之意。亭之东为隙地一区，背山向阳，势甚平旷，"爱树以短篱，种以杂蔬，验天地之生机，谐庄田之野趣"，这就是富于田园风光的"薮蔬圃"一景。安善堂的后面为第二进院落，呈四合式。靠北叠筑北太湖石大假山"滴翠岩"，姿态奇突，凿池其下。山腹有洞穴潜藏，引入水池。石洞名叫"秘云"，内嵌康熙手书的"福"字石刻。山上建盝顶敞厅"绿天小隐"，其前为月台"邀月台"。厅的两侧有爬山廊及游廊联接东、西厢房，各有一门分别通往东路之大戏楼及西路之水池。山后为第三进院落，庭院比较窄狭，靠北建置庞大的后厅，后厅当中面阔五间，前后各出抱厦三间，两侧连接耳房三间，平面形状很像蝙蝠，故名"蝠厅"，取"福"字的谐音。

东路的建筑比较密集，大体上由三个不同形式的院落组成。南面靠西为狭长形的院落，入口垂花门之两侧衔接游廊，垂花门的比例匀称，造型极为精致。院内当年种植翠竹千竿。正厅即大戏楼的后部，西厢房即明道堂之后卷，东厢房一排八间。院之西为另一个狭长形的院落，人口之月洞门额曰"吟香醉月"。北面的院落以大戏楼为主体，戏楼包括前厅、观众厅、舞台及扮戏房，内部装饰极华丽，可做大型的演出。

西路的主景为大水池及其西侧的土山。水池略近长方形，叠石驳岸，池中小岛上建敞厅"观鱼台"。水池之东为一带游廊间隔，北面散置若干建筑物，西、南环以土山，自成相对独立的一个水景区。

萃锦园作为王府的附园，虽属私家园林的类型，但由于园主人具皇亲国戚之尊贵，在园林规划上也有不同于一般宅园的地方。这主要表现在园林三路的划分，中路严整均齐，由明确而突出的中轴线所构成的空间序列颇有几分皇家气派。因而园林就其总体而言，不如一般私家园林的活泼、自由。西路以长方形大水池为中心，则无异于一处观赏水景的"园中之园"。从萃锦园的总体格局看来，大抵西、南部为自然山水景区，东、北部为建筑庭院景区，形成自然环境与建筑环境之对比。既突出风景式园林的主旨，又不失王府气派的严肃规整。

园林的建筑物比起一般的北方私园在色彩和装饰方面要更浓艳华丽，均具有北方建筑的浑厚之共性。叠山用片云青石和北太湖石，技法偏于刚健，亦是北方的典型风格。建筑的某些装修和装饰，道路的花街铺地等，则适当地吸收江南园林的因素。植物配置方面，以北方乡土树种松树为基调，间以多种乔木。水体的面积比现在大，水体之间都有渠道联络，形成水系。

圆明园

闻名世界的一代名园——圆明园，虽已于 1860 年 10 月 18—20 日惨遭英法联军焚毁，但它在中国造园史、世界文化史上放射的灿烂光辉并不会熄灭。尽管我们已很难从现在的遗址上领略它过去的风姿，却可从那一片芜杂的野草之中横卧着的一座没有栏杆的汉白玉拱桥、或是兀然耸立着的高大而残缺的花岗岩门垛上，感受到一种为小桥流水和高楼重台所不能比拟的美。

圆明园遗址在北京海淀区东部。原为清代的一座大型皇家御苑，占地约5200 亩，与附园长春、绮春（后改万春）两园合称"圆明三园"，周长约 10多千米。圆明园始建于清康熙四十八年（1709 年），是在康熙皇帝赐给皇四子胤禛（即后来的雍正皇帝）的一座明代私园的旧址上建成的，乾隆九年

圆明园

（1744年）竣工。以后，又在园的东侧辟建长春园，在园的东南辟建绮春园，乾隆三十七年全部完成。

圆明园全部由人工起造山水地貌，形成山重水复、层叠多变的百余处园林空间。在这烟水迷离的湖光山色之中，不仅分布有供帝王长期居住、避喧听政的宫廷区，而且，在山水和花树丛中创造出150余处丰富多彩、格调各异的大小"景区"，主要的如"圆明园四十景""绮春园三十六景"，都由皇帝命名题署。乾隆六下江南，凡是他所中意的景致都命画师摹绘下来作为建园的参考，因此，圆明园得以在继承北方园林传统的基础上广泛汲取江南园林的精华，如福海沿岸摹拟杭州西湖十景、"坐石临流"仿自绍兴兰亭，汇集了江南无数名园的胜景。还有取古人诗画意境的，如"武陵春色"取材于陶渊明的《桃花源记》等。这些主题突出、景观多样的景区，大多数建成"园中之园"，它们之间均已筑山或植物配置作为障隔，又以曲折的河流和道路相联系，很自然地引导游人从一景走向另一景，成为一座具有极高艺术水平的大型人工山水园。

长春园北部还建有一组园林化的欧洲式宫苑，俗称西洋楼，占地百余亩，是当时以画师身份供职内廷的欧洲籍天主教传教士设计建造的。6幢主要建筑物均为巴洛克风格，但在细部装饰方面也运用许多中国建筑手法。3组大型喷泉、若干小喷泉和绿地等则采用勒诺特尔式的庭园布局手法，由轴线、大路、小径组成严谨的几何格网，主次分明。整个园子呈现明显的西洋特色，是中西文化交流的象征。

圆明园不仅有极为精美的陈设，还收藏与陈列了全国罕见的珍宝、文物、图书。文渊阁就是当时全国著名的七大皇家图书馆之一。实际是一座综合性的皇家博物馆。

圆明园是清朝鼎盛时期最宏伟、最优美的大型园林。它被当时的欧洲誉为"万园之园"及"一切造园艺术的典范"，对当时英法等国的园林产生过重要影响。

知识链接

圆明园之殇

　　1860 年 10 月 6 日英法联军洗劫圆明园，文物被劫掠，10 月 18 日—20日，3000 多名侵略者闯入院内，把园中的建筑物烧毁。1900 年八国联军入侵北京烧杀掳掠，慈禧太后挟光绪皇帝逃奔西安，八旗兵丁、土匪地痞即趁火打劫，把残存和陆续基本修复的共约近百座建筑物，皆拆抢一空，使圆明园的建筑和古树名木遭到彻底毁灭。其后，圆明园的遗物，又长期遭到官僚、军阀、奸商巧取豪夺，乃至政府当局的有组织地损毁。北洋政府的权贵们包括某些对圆明园遗址负有保护责任者，都倚仗权势，纷纷从圆明园内运走石雕、太湖石等，以修其园宅。这曾经奇迹和神话般的圆明园就这样变成一片废墟，只剩断垣残壁，供游人凭吊。

图片授权

全景网

壹图网

中华图片库

林静文化摄影部

敬　启

　　本书图片的编选，参阅了一些网站和公共图库。由于联系上的困难，我们与部分入选图片的作者未能取得联系，谨致深深的歉意。敬请图片原作者见到本书后，及时与我们联系，以便我们按国家有关规定支付稿酬并赠送样书。

　　联系邮箱：932389463@qq.com

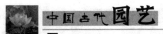

参考书目

1. 汪菊渊．中国古代园林史［M］．北京：中国建筑工业出版社，2012.

2. 张淑娴．明清文人园林艺术［M］．北京：故宫出版社，2011.

3. 孙秀秀．古代作物栽培［M］．吉林：吉林出版集团有限责任公司，2010.

4. 章楷．中国植棉简史［M］．北京：中国三峡出版社，2009.

5. 朱立新，李光晨．园艺通论［M］．北京：中国农业大学出版社，2009.

6. 范双喜，李光晨．园艺植物栽培学［M］．北京：中国农业大学出版社，2007.

7. 龙雅宜．园林植物栽培手册［M］．北京：中国林业出版社，2004.

8. 童寯．造园史纲［M］．北京：中国建筑工业出版社，1983.

9. 姚同玉．花卉园艺［M］．北京：中国建筑工业出版社，1981.

10. 金开诚．古代园艺［M］．吉林：吉林出版集团有限责任公司，1970.

11. 周廋鹃，周铮．园艺杂谈［M］．上海：上海文化出版社，1958.

12.《园艺通讯》编委会．园艺通讯［M］．南京：金陵大学园艺学会，1947.

中国传统风俗文化丛书

一、古代人物系列（9本）
1. 中国古代乞丐
2. 中国古代道士
3. 中国古代名帝
4. 中国古代名将
5. 中国古代名相
6. 中国古代文人
7. 中国古代高僧
8. 中国古代太监
9. 中国古代侠士

二、古代民俗系列（8本）
1. 中国古代民俗
2. 中国古代玩具
3. 中国古代服饰
4. 中国古代丧葬
5. 中国古代节日
6. 中国古代面具
7. 中国古代祭祀
8. 中国古代剪纸

三、古代收藏系列（16本）
1. 中国古代金银器
2. 中国古代漆器
3. 中国古代藏书
4. 中国古代石雕

5. 中国古代雕刻
6. 中国古代书法
7. 中国古代木雕
8. 中国古代玉器
9. 中国古代青铜器
10. 中国古代瓷器
11. 中国古代钱币
12. 中国古代酒具
13. 中国古代家具
14. 中国古代陶器
15. 中国古代年画
16. 中国古代砖雕

四、古代建筑系列（12本）
1. 中国古代建筑
2. 中国古代城墙
3. 中国古代陵墓
4. 中国古代砖瓦
5. 中国古代桥梁
6. 中国古塔
7. 中国古镇
8. 中国古代楼阁
9. 中国古都
10. 中国古代长城
11. 中国古代宫殿
12. 中国古代寺庙

五、古代科学技术系列（14 本）

1. 中国古代科技
2. 中国古代农业
3. 中国古代水利
4. 中国古代医学
5. 中国古代版画
6. 中国古代养殖
7. 中国古代船舶
8. 中国古代兵器
9. 中国古代纺织与印染
10. 中国古代农具
11. 中国古代园艺
12. 中国古代天文历法
13. 中国古代印刷
14. 中国古代地理

六、古代政治经济制度系列（13 本）

1. 中国古代经济
2. 中国古代科举
3. 中国古代邮驿
4. 中国古代赋税
5. 中国古代关隘
6. 中国古代交通
7. 中国古代商号
8. 中国古代官制
9. 中国古代航海
10. 中国古代贸易
11. 中国古代军队
12. 中国古代法律
13. 中国古代战争

七、古代文化系列（17 本）

1. 中国古代婚姻
2. 中国古代武术
3. 中国古代城市
4. 中国古代教育
5. 中国古代家训
6. 中国古代书院
7. 中国古代典籍
8. 中国古代石窟
9. 中国古代战场
10. 中国古代礼仪
11. 中国古村落
12. 中国古代体育
13. 中国古代姓氏
14. 中国古代文房四宝
15. 中国古代饮食
16. 中国古代娱乐
17. 中国古代兵书

八、古代艺术系列（11 本）

1. 中国古代艺术
2. 中国古代戏曲
3. 中国古代绘画
4. 中国古代音乐
5. 中国古代文学
6. 中国古代乐器
7. 中国古代刺绣
8. 中国古代碑刻
9. 中国古代舞蹈
10. 中国古代篆刻
11. 中国古代杂技